サイン、小サイン、探訪記

鉄道文字の探究者、サインの奥深い世界に出会う!

中西あきこ 著

イカロス出版

はじめに

整然とした駅のサインのなかで、なぜか手製や手書きの案内に惹かれる。

魅力にとりつかれ、最初に書いたのが季刊誌『鉄道デザインエクスプローラ』の「看板見てある記」という連載記事だった。

当時、東京メトロを歩きながら、営団地下鉄のころの古い看板を探すのが好きだった。なかでも心惹かれたのが「危険横断禁止」の看板である。主に線路と線路の間でトンネルを支える中柱に取り付けられていた。

はじめて見たのは東西線の早稲田駅である。飯田橋・大手町方面の改札を通って、ホームを十数歩進んだあたりにあった。素材はアクリル板で文字は明朝体。看板は長い間そこにそうしてあると分かる煤け具合だった。

少し角度を変えてみると、文字の縁に細い影ができる。数ミリほど出っ張っていた。黒いアクリル板を文字のかたちに切り取って、白いアクリル板の上に貼り

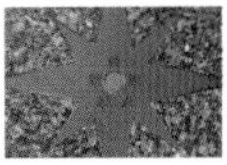

つけて作ったようである。

平らな板面の上にゴシック体のフォントを使って構成した現行の駅サインのなかで、「危険横断禁止」の看板はかなり性質のちがったものに映った。

それを例外としておくより、むしろ同じものを探してみる方が面白い。そんな好奇心で一駅ずつ降りてみると、意外にも見つかることに驚いた。

銀座線は渋谷、田原町。丸ノ内線は新高円寺、東高円寺、新中野、中野新橋、新宿御苑前、大手町、本郷三丁目、新大塚。日比谷線は日比谷、築地、茅場町、人形町、小伝馬町、秋葉原、上野。東西線は早稲田、東陽町と、4路線19駅から探し出すことができた。

それらを見比べると、同じ言葉を使いながらも大きさや書体に少しずつ、もしくは随分とバラつきのあることに気づく。明朝体、ゴシック体、ひらがな、映画の題字に使われそうなエッジ処理の字など「出っ張り」がそこかしこに見つかる。看板に製作者の顔がのぞく面白い例である。まだしっかり取り付けてあるということは、きっと伝えたいメッセージが変わらずそこにあるのだろう。線路間で作業するのに危険を伴う場所だから、現状のまま残したということもあるかもしれ

ない。サインは常に貼られる場所の条件下にあることの好例と言えそうだ。

　これが十年を過ぎてどうなったか。ふたたび看板のあった駅を一つずつ降りて訪ねると、これが一枚も見つからない。手元に残った文と写真が看板を物語る縁（よすが）になってしまった。

　取り巻く環境は大きく変わった。東京メトロは駅のリニューアル工事とホームドアの設置を進め、これを機に、看板の内容で注意喚起をする必要も薄らいでいったのだろう。

　この経験は、手製や手書きの案内をマメに記録しようと熱を帯びるきっかけになった。

　もちろん役目を終えれば儚く消え、取り外される運命にある。が、意外やきれいな案内表示にあつらえて、サインシステムの一員に食い込んでいく強（したた）かなものもある。また不変の情報をその当時の設えで使い続け、今日まで残っているものも、まだまだあるはずだ。

　そんな縁の下の力持ちとなって「どっこい生きている」サインが、じつは新幹線にもあることを知ったのは、ごく最近のことである。

　高度に技術的進化を遂げた新幹線にも、在来線同様に、駅や車両には多くの人に配慮した案内誘導サインを見ることができる。システムを追求したスマートな設えや一貫したデザインの中にも、現場の知恵をしぼり作った出入口案内や乗車口案内シート。心づくしの「お見送りエリア」や、「ようこそ」と熱烈歓迎する造形物など様々な工夫や仕掛けがある。また新旧のピクトグラムや掲示標、看板が織りなす時代を活写した文言や、今を切り取るデザイン。さらにそのリスペクトから生まれたグッズも見逃せない。もちろん、サービスの終了とともに消えていったサインもある。
　それらの魅力を探り、ときに歴史を紐解き、現地へ赴きながら書き留める。まさに「初心忘るべからず」で、やっていることは冒頭と何も変わらない。未熟なころを振り返り、忘れずにいることほど、恥ずかしく、蓋をしたいと思うことはない。けれどもこれも自分の土台かと、次第に前へ進む勇気が湧いてきた。
　まずは新幹線に乗って、意中のサインに会いに行ってみよう。

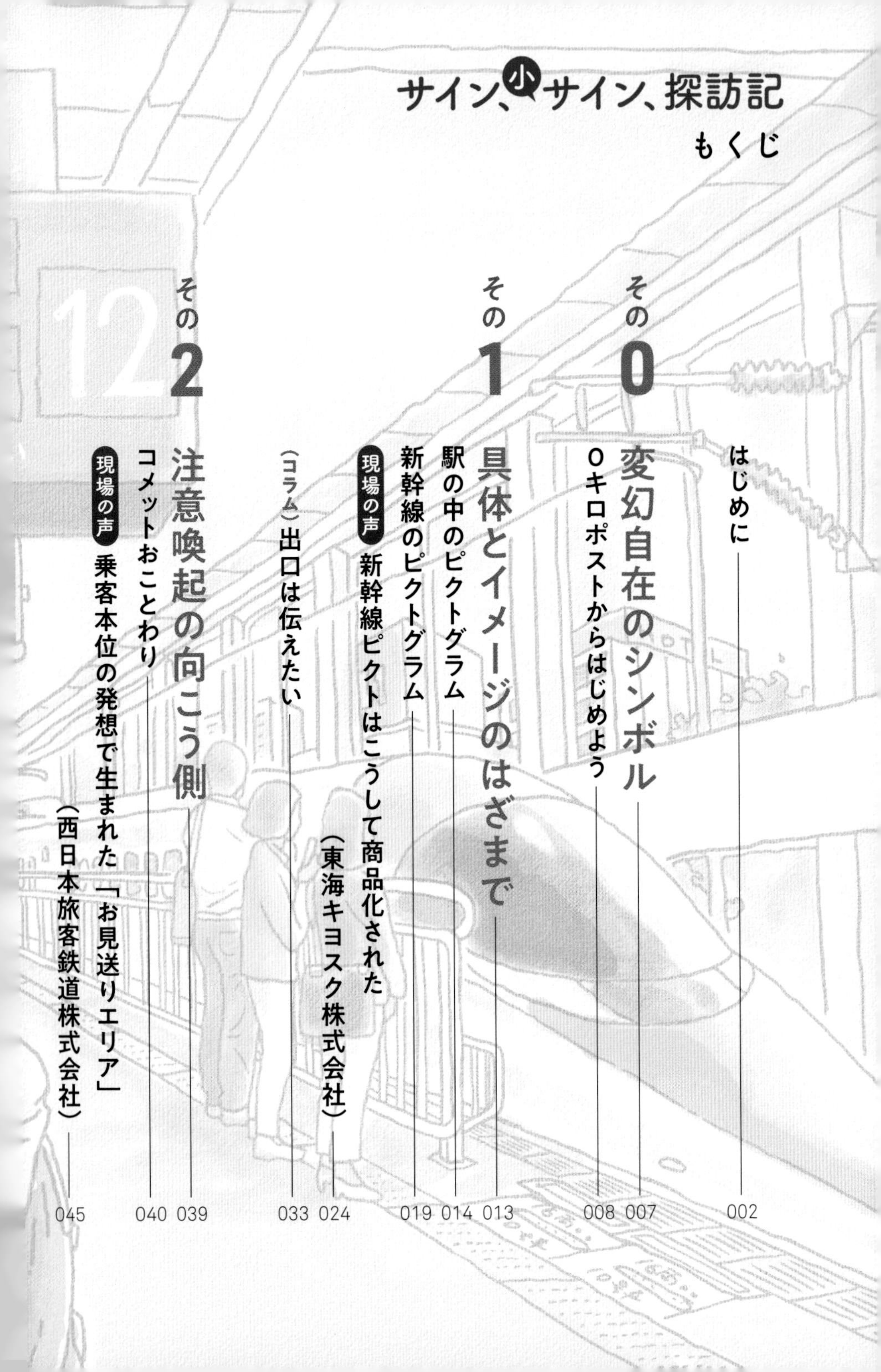

サイン、小サイン、探訪記

もくじ

※本文の内容や写真は取材当時のもので、現在とは異なる場合があります。

その0 変幻自在のシンボル

0キロポストからはじめよう

1東京駅1番線には、赤煉瓦の復原駅舎を背にして煉瓦の台座に「0」が載せられている。2対面の2番線側は、粁(キロメートル)・米(メートル)と2種類の長さの単位を並べている。3 3番線は標準仕様。4 4・5番線の間は頂部に「0」を掲げたトロフィー型。5 6・7番線の間は矢印型の台座でJR以降のホーム改築で設置された。

キロポストは、線路諸標の一つで距離標と呼ばれる。なかでも、0キロポストは路線の起点に建てられる。基本的には停車場中心へ設置され、終点の車止めのところにはない。営業キロを算定する必要上その位置にあるそうだが、気になってホームを見て歩くうち、だんだんとその場所が分かるようになってきた。

東京駅は、各路線の起点を抱える一大ターミナルだ。在来線のホームに行けば、東海道本線、東北本線、中央本線、総武本線、京葉線と、線路脇に0キロポストが見つかる。

基本の様式は、木製やプラスチック製の白い三角柱に、黒色でアラビア数字を書く。距離が進むにつれ縦書きに数字を加える。多くは下り線の左側に、線路方向に沿って左右どちらからでも目視できるよう、数字を二面に標記する。また、地面に直接建植する箇所には、腐食防止剤を塗り強度を保つため、

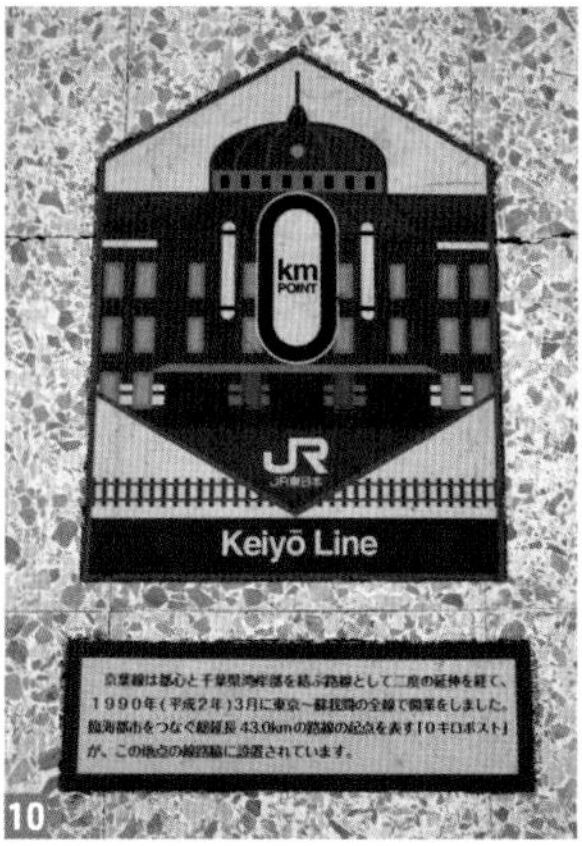

❻8・9番線の間には、四方向に標示した珍しい形。❼10番線側はシンプルな標準タイプ。❽「0」を救命浮環に見立てたのは総武地下1・2番ホーム。❾その1番線側には「停車場中心」の標示も添えている。❿京葉地下1・2番ホームには、丸の内駅舎を「0」に組み込んだイラスト。⓫ホーム下は標準タイプ。

そこだけ黒色の塗色になる。

　これを踏まえ見ていくが、東京駅は各線ともじつに形がさまざまだ。本来の距離標とは別に、「0」の形そのものを象った記念碑のようなものが建っている。トロフィー型や台座にレンガのアーチ橋を模したものなど。ここまで意匠を凝らすとは、もはや一本の標柱を超えたシンボルと言えそうだ。

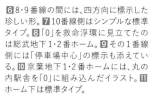

　新幹線ホームにも何かあるのではないか。そう思い一段と高いホームへ向かった。はたして東海道新幹線ホームの中ほどに、床へ大きな金属製の星形が埋め込まれていた。星の中心には、円を囲むように左から右へ「新幹線起点」と書いてある。隣のホームへ向かうと、やはり床に同じ星形のシンボルが見つかった。

　線路脇を眺めると、団子鼻のような黄金色の丸い金属板が、「0km」と白い文字で記され地面に埋め込まれている。新幹線の距離標は、白く塗った細長い

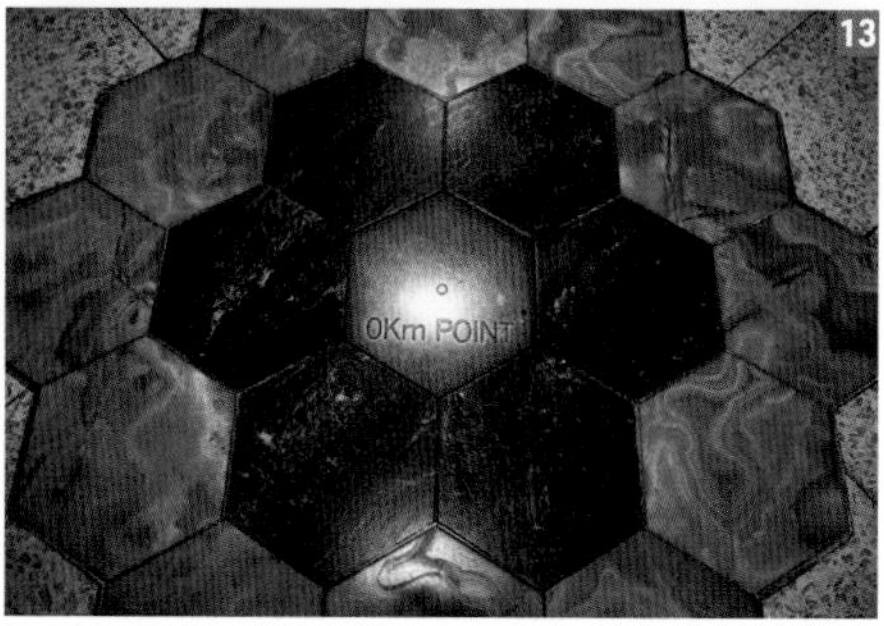

⓬東海道新幹線のホーム上にある八芒星をデザインした起点のシンボル。軌道上には円盤状のものが設置されている。開業時のものはレプリカが鉄道博物館に保存されている。⓭東北新幹線ホームのものは、六角形を花柄に組み合わせ、中心に「0km POINT」と記される。⓮軌道上は数字のみのシンプルなものだ。⓯上越新幹線の現在の起点である大宮には、高い位置に標示がある。

柱へ、旗状に取り付けた板に数字を黒文字で書いたのが一般的だが、これも距離標なのかと、今までとは異なる形にしばらく釘付けになった。

距離標とシンボルが対をなす0キロポストは、東北新幹線ホームにもある。床面に黒色と緑色の石を花弁に見立て、中心に「0km POINT」と記す。線路脇には柵の金網に小さな黄色い銘板が、起点の数字を横書きに示していた。

新幹線の停車場中心から在来線方向を眺めると、先ほどまで歩いてきたホームが並行する。0キロポストの位置は、中心を貫くように横並びに連なることがようやく理解できた。

では、新幹線でも他の駅にはどのような0キロポストがあるのか。東京駅と同じ様式かと期待して訪ねていくと、大宮駅、高崎駅、越後湯沢駅などはじつに簡素で驚く。

大宮駅は、橋上ホームの外壁を支える柱に、運転士の目線の高さへ取り付

18

16

17

19

16 北陸新幹線の起点の高崎駅は架線柱に組み込んでいる。17 ホーム下にも手書きの距離標記がある。18 越後湯沢には在来線扱いのガーラ湯沢への支線の0キロポストが見られる。19 福島には新幹線ホームに0キロポストが見られた。

けた板に「0」とある。上越新幹線の起点であるという役割に徹する雰囲気だが、さらに北上して高崎駅へ降り立つと、架線を支持する電柱間の骨組みに北陸新幹線の起点となる「0」が掲げてあった。これも大宮駅の流れを汲むものかと思い、レールの方へ目をやると、ホームの下壁に大きく手書きで「北陸0km」とあった。作業の必要から分かりやすく大きく書いた目印なのだろう。東京駅にあった数々のシンボルから遠く離れ、おおらかで屈託のない「0」に脱帽した。

越後湯沢駅では、ガーラ湯沢駅に分岐する支線の入口に、長方形の白い板へ「0」の銘記があった。しゃがんでようやく目視できる0キロポストは、短冊の上下に余白を残し、静かに佇む風情である。

さらに北へと進んだが、東北・北海道新幹線は東京駅から通算となるため、新青森駅で「0」を発見することはで

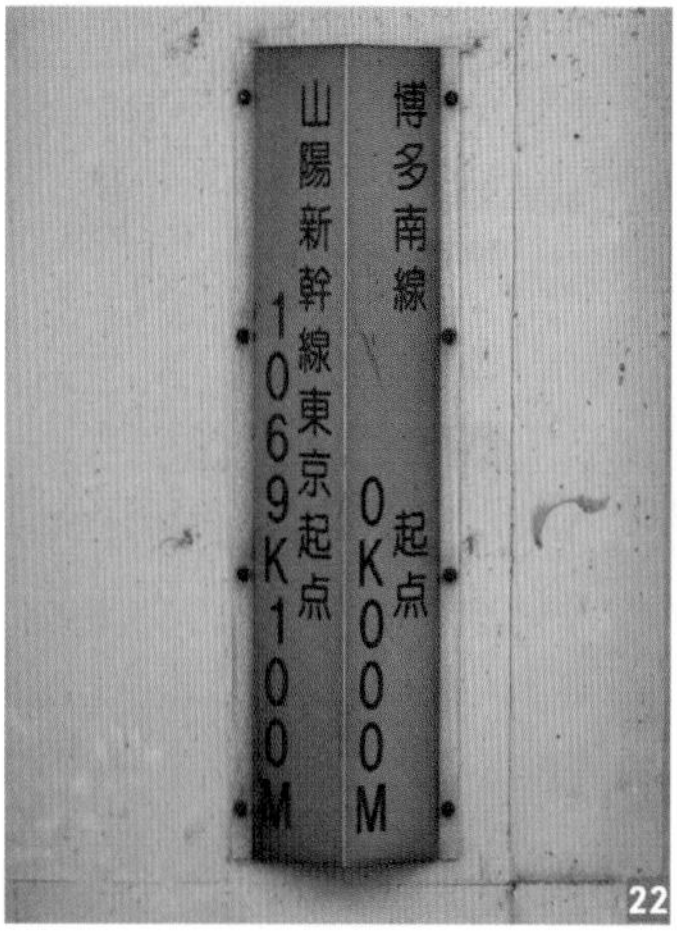

20 こちらは福島駅から出る奥羽本線のものである。戸籍上は山形新幹線という路線は存在しない。21 盛岡では新幹線ホームで0キロポストは確認できなかった。秋田新幹線の盛岡～大曲間の本来の戸籍は田沢湖線で、この0キロポストも田沢湖線のものだ。22 博多の0キロポストは、東京からの通算距離を標示し、博多南線は新幹線から独立した在来線であることを示す。

きなかった。

0キロポストは、距離の境界上に建てる一本の目盛りである。が、なかなか同じ形のものに出会わない。その場に応じて柔軟に姿を変える。もしそれに気づくと、駅での楽しみが一つ増えるかもしれない。

その1

具体とイメージのはざまで

駅の中のピクトグラム

東京駅の八重洲口は幾重にも下がるサインに圧倒される。盛り込む情報が増えピクトグラムも多種多様だ。

言語を越えて伝えたい

2020年の東京五輪開会式（※）まで500日となった3月12日、競技ピクトグラムの発表が報じられた。50種類の躍動する身体の一瞬をかたどった絵文字が並んだ。これに合わせて、55年前の東京五輪に初めてピクトグラムを用いたことも、あらためてクローズアップされた。

にわかに注目を集めたピクトグラムだが、目的の一つは、海外から日本へ訪れる日本語の分からない人たちのために、伝えたい事柄を象徴的に描いて、目で見て何を表しているのか伝える役割にある。

東京駅の構内を歩いていると、増加する訪日外国人に向けて日々改修が進んでいる。景観の新陳代謝は掲示類のピクトグラムにも及んでおり、呼応しながら新しいものへと移り変わる。もはや、以前はどのようであったか思い

※実際の開催は2021年7月23日からとなった。

1 越後湯沢駅にあった下り階段を示す国鉄時代のピクトグラム。2 下りエスカレーターのピクトグラムも国鉄からのものだ。

出せないくらい、刷新のスピードは速い。こちらも新鮮さを覚えると同時に、早くもそれに慣れている。役割を終えたものはひっそりとなくなるが、人をかたどったものはどこか去り行く背中を思わせるのも、ピクトグラムならではである。

見慣れない絵文字

そんなことに想いを巡らせ旅をしていると、越後湯沢駅の新幹線ホームで、見慣れない絵文字に出会った。国鉄(JRの前身)時代に設置したピクトグラムだ。

丸い線で囲ったなかに人の形が描かれている。足が長く腕はやや短い。少しおっかなびっくり階段を下る様子にも見える。そのアンバランスさが、かえって目を引いた。

さらに進むと、また違う絵文字に足が止まった。角に丸みを持たせた枠線の内側に、エスカレーターへ乗る人の

3 三河安城駅の連絡通路に残る0系と国電。4 丸みをおびた矢印にも注目したい。

形が描かれていた。白抜きの矢印が、斜め右下を指している。それで「下り用」だと分かった。動作で表すことが難しい分、上り・下りの方向は矢印が頼りだ。佇む人の姿はどこか民芸品の「こけし」のように見える。素朴で愛らしい雰囲気が漂う。今も役目を果たすことに驚きつつ、従来のデザインが見られる貴重な駅として胸に刻んだ。

レガシーを残す場所へ

こうした例は東海道新幹線の三河安城駅にもある。出かけていくと、まだ健在であるのが嬉しい。新幹線の駅と在来線の駅を長い連絡通路で結んでいる。そこへ吊り下げ型の電気掲示器が下がっていた。

新幹線のピクトグラムは0系の先頭車両を正面から見たものだ。やや見上げるようなアングルを切り取る。台形を逆さまにした構図でスピード感を出している。配色は実車の車体色に合わ

上りと下りの動作が的確に伝わる。下り階段であることは和文と英文を併記して伝える。

せ、白と青の2色を使う。

一方の在来線を示すピクトグラムは、当時「国電」と呼ばれた大都市圏を走る国鉄の近距離専用電車の中でも、代名詞となった１０３系電車の正面を模したものだろう。配色は沿線を走る緑とオレンジの塗色とは違い、0系にも用いる青色を使う。これにより連絡通路に掲げる表示の統一感が保たれている。

加えて、赤い円をくり抜いた白い矢印も見逃せない。いかにも当時の様式そのもので、一つの時代を担った形状を振り返ることができる。

新旧タイムトラベル

帰ってから再び東京駅を見渡すと、やはり新しいピクトグラムに従来との違いをいくつも見出すことができる。階段を上り下りする人の形には丸みが少ない。手や足の先端は直線的で、どこかシャープなゴシック体の書体を思

❶ 東京駅では新幹線に2種類のピクトグラムを掲げる。JR線はアルファベットのマークだ。
❷ 背景色の異なるバージョンも見てみよう。

わせる。その点で、国鉄時代のピクトグラムは丸ゴシック体に似ている。有機的でユーモアさえ感じさせるが、現代はより見やすく曖昧な部分を削いだ、伝えたいことに真っすぐの形状だ。

新幹線のピクトグラムも、ＪＲになって以降、独自に設計した車両の形を投影している。一つの案内サインに掲げる場合でも、ＪＲ東日本はＥ５系を、ＪＲ東海はＮ７００系をかたどっている。

さらに在来線は、もはやピクトグラムではなく、「ＪＲ」のアルファベットを表示するものまで登場した。「国電」の絵文字からここまで変わったのかと、タイムトラベルした気分になった。

新幹線のピクトグラム

東京駅新幹線北のりかえ口のサイン。緑のE5系とともに掲出する青いN700系には、グレー色のライトが描かれていた。

じつはライトがあった

東京駅の新幹線のりばに来ると、大きく掲げたピクトグラムが目に入る。これから乗る東海道新幹線には、N700系をかたどるものが表示してあった。見ると、先頭車両の正面に2つの前照灯が描かれている。ここで、ふと疑問が湧いた。道すがら目にした同じピクトグラムに、ライトは描かれていただろうか——。

引き返して、構内を見て歩いた。すると、描いてあるものと、ないものとがある。ライトは光を反射するラメのような質感のグレー色だ。淡い色なので、ひょっとすると目を凝らさなければ気づかないかもしれない。それを、近づいて観察できる絶好の場所が、北のりかえ口だ。階段を下り、照明を内蔵した明るい柱を回り込んだ所にある。人通りの激しい場所なので、まばらになったところを見計らってみてほしい。

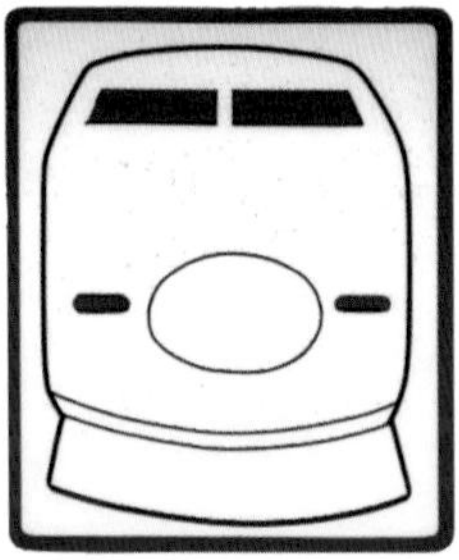

3

2

1

6

5

4

7

1 0系。（横浜駅）2 100系。三島駅で見かけたサインは4種類が混在していた。3 100系。背景色に白色を使っている。（三島駅）4 300系。（三島駅）5 700系。（三島駅）6 ひかりレールスター。かつて米原駅にもこのピクトグラムが掲げられていたことがあった。（新大阪駅）7 N700系。（東京駅）

おやっと思うほどくっきりと、グレー色のライトが背後の光を受けて輪郭を露わにする。

多様な新幹線ピクトが生まれるのはなぜ

一つの駅に異なる特徴の新幹線ピクトがあるという点で、三島駅も負けず劣らず観察し甲斐のある駅だ。ここには運用を退いた１００系、３００系と、現役車両である７００系の３種類を掲げている。在来線ホームの地下のりかえ通路に、それぞれの時代を彩った新幹線の「顔」が集合する。まるで校長室を飾る歴代学校長の写真のような趣だ。

どれも正面を向いて居住まいを正しているが、中でも目を引くのは１００系だ。さらに2種類のピクトを掲げる。背景色に青と白とがあり、特に白のほうは車両の色に溶け込んで、独特の印象を与える。運転台の窓と2灯のシャ

8 200系。運行を退いてもサインの中で
現役なのがうれしい。（大宮駅）

ープなライトが相まって、どこか太い眉毛のユニークな面立ちにも見える。囲む枠の形がやや縦に長いのも、正方形を基本とするタイプにくらべ特殊なものと言えそうだ。

　これを見て思い出したのが、米原駅に来ないはずの山陽新幹線「ひかりレールスター」が、在来線の連絡通路に表示されていたという話である。その後、700系に付け替えられたが、三島駅の場合といい現状と一致させるより、新幹線をかたどったものであれば良しとする大らかさがある。それは、海外で「Shinkansen」と日本語のまま通用する点も、後押ししているかもしれない。和・英に共通する名称を添えることで、多様なかたちを一つに束ねることができる。これも、各車両をかたどった図案が生まれる要因に数えられそうだが、どうだろう。

9

10

9 JR西日本の新しいタイプのサイン。「横顔」となり、特定の形式を示すことはなくなったが、新幹線らしさは感じさせる。(京都駅) 10 流線形でスピード感を表す。

レジェンドの「顔」

「ひかりレールスター」のピクトは、新大阪駅まで来ると改札口付近で多く目にする。輪郭は７００系と共通したカモノハシ型で、窓とライトの周りを一段深いブルーで覆う。そのすぐそばで気になったのが、新幹線を横から描いたピクトグラムだ。これまで正面の構図ばかり見てきた目には新鮮に映る。たしかに、特徴である流線形の形状を捉えて分かりやすい。よく考えると、ホームにいる時は、いつも車両を横から見ている。正面を目にするのは、入線するほんのわずかの間だ。

　目の前で見ることと、イメージすることの狭間を行ったり来たりする面白さが、ピクトグラムにはある。時折、横浜駅の北側コンコースで、のりば案内に小さく０系のピクトグラムが表示してあるのを見かける。２００８年で現役を退いたあとも、ある意味で活躍す

⑪H5系。こちらも横顔タイプで、颯爽と風を切る躍動感がある。(新函館北斗駅) ⑫西九州新幹線用のN700S。なぜか配色は東海道・山陽新幹線のN700Sに合わせてある。独自のピクトグラムをつくることが多かったJR九州では異色だ。(長崎駅)

11

12

る場を与えられている。その健在ぶりに驚くが、新幹線のシンボル的な存在として座りの良さがある。それは、大宮駅の在来線ホームに表示する200系のピクトにも言える。長きに渡り活躍し、人の目に触れ記憶に根づいた形は、使い続けることで次第に普遍性を獲得していく過程を見るようだ。

新しいピクトは登場するか

在来線には共通した鉄道駅のピクトグラムがある。また各事業者のロゴマークや駅ナンバーを採り入れるようにもなった。路線をネットワークとして捉え、より案内しやすい方法を模索する流れだ。そのなかで、新幹線は今のところ標準のピクトは持たず、車両にあわせてデザインを更新する。これは、見方を変えればエリアに特化したローカルサインだ。やがて導入される車両にも、新たなピクトグラムが誕生するだろうか。今後も目が離せない。

現場の声

新幹線ピクトグラムはこうして商品化された（東海キヨスク株式会社）

ピクトグラムを身近に感じて

やはり、東京駅はピクトグラムの宝庫だ。

駅の外を歩いていると、駐車場、銀行、工事現場、公衆電話、交番、公園、トイレ、地図等にピクトグラムを見ることができる。これらは地域の必要な場所に点在している。一歩、二歩進んですぐ目に留まるほどの密度にはない。

これが、駅に入ると次から次に現れる。鉄道、階段、エスカレーター、エレベーター、立ち入り禁止、トイレが記号となって目に飛び込んでくる。そして、利用したい施設がもう目の前に佇んでいる。一つの場所へ多くの人が集まってくることを示す量と密度だ。

たくさんのピクトグラムを覚えておいて、用事を済ませると記憶から手放す。それを繰り返しながら駅を通過し目的地へ向かう。馴染みのない駅を訪ねるときも同じだ。それが、時々記憶のストックと合わないものに出会う。それがとても気になる。

もちろん、形が違っても添えられた文字で「電話なのか」「新幹線なんだ」と認識する。すでに実物を見たことがなくても、とりあえず同じカテゴリーのポケットに仕舞う。そうして少しずつ宝物のようにたまった形が、やがて補い合うようになる。それが、いくつかの変遷をたどって今に至ったと飲み込めるようになる。

新幹線のピクトグラムも、歩いてストックした記憶のコレクションだった。0系、100系、300系、700系、N700系と、それぞれの「顔立ち」をした歴代の車両が並んでいる。揃って見られることはないと思っていたが、それを一堂に会してグッズにした会社がある。公共サインとしてなじみ深いピクトグラムを、手元で眺められるものに仕立てた経緯を、東海キヨスク株式会社の担当者にたずねた。

マグネットはパッケージに合わせて4個入り。台紙の着色や字配りなどは駅の案内サインを参考にデザインされている。

東海道新幹線の「顔」がミニタオルで勢ぞろいする。運転席の窓、中心のノーズ、両側のライト、下部のスカート、全体のラインが個性を形成する。

なぜグッズにしようと思ったのか

東海道新幹線ピクトグラムミニタオルが発売されたのは、２０２２年12月1日。クリック！キヨスクというＥＣサイトのモールで先行販売され、同月16日からキヨスク店舗で売り始めた。

「グッズにしようと思ったのは、駅で誰もが目にするものだと思ったからです。鉄道ファンの方はもちろんのこと、お子さまや女性の方にも受け入れてもらえるのではないか。特に女性はこうした可愛いらしい形を気に入って、手に取っていただけるのかなと考えて始めました」

担当者の中では、ずっとピクトグラムを商品化したいとの思いがあった。そこで、メーカーと定期的に商談し、自社オリジナルグッズとして発売する１年ほど前から準備を進めた。

そもそも、オリジナルグッズでピクトグラムを取り扱ったのは初めてだという。そこにはどんなヒントがあったのだろうか。

「駅でよく見かけるもので、知らないうちに頭の中に残っているものかなと思って。それがたとえ何か分からなくても可愛いといったような。フォルムが丸くて、鉄道グッズだけれど持っていても照れがない。さらにタオルでしたら、多くの人の手に取ってもらえるのではないかとの想いがありました」

やってみなければ分からない。半ば冒険ではあったが、売り始めてみると、女性をはじめ、出張帰りのビジネスマンが、子どものお土産に買って帰る場面も見られ、次第に手応えを感じるようになった。

こんなに種類があったとは

ピクト自体に着目したのは初めてだったが、今回調べて気づいたのは東海道新幹線のピクトグラムに新旧で複数のバリエーションがあったことである。

「いざ取り組むまで本当に知りませんでした。こんなに種類があったのかと驚いています」

基本的に駅では新しいものを見かける。けれども、好奇心をもって掘り起こしていくと、全部で5種類の「顔」が揃った。蓋を開けてみるまで分からないことだった。

「当初は、新しい車両（N700系）と、旧い方から2点（0系・100系）を入れてと思いましたが、やはりどれも魅力あるピクトグラムですし、車両ということで『これは有るけれどこれが無い』というのも、ちょっと…」

5種類すべてを揃え、コンプリートしたい気持ちも満たそうと考えた。

「一部に偏るより、最終的に全部出してみようと思いきりました。ハンドタオルなら1種類につき1枚作って出すことができます」

やはりそれだけ揃えたいという気持ちが、買い手にあるということなのだろう。

「それはヒシと実感します。やはり新商品を発売するタイミングには、全部買われていくお客様もいらっしゃいます。一つだけでなく、他のも手に取ってみたくなるお客様が多いと感じます。企画から携わっている私自身も『これが買いたい、いやでもこれも欲しい。これも可愛いじゃん』と気持ちが動きますから」

それは自分にも心当たりがある。誰の中にもそうした根があるということなのだ。

人によって思い出のピクトグラムは違う

ここで興味深い数字を教わった。売れ筋ランキングである。ミニタオルは次の順に売れている。

1位　0系
2位　N700系
3位　300系

ミニタオルはピクトグラムを忠実に模している。そこで実際の車両を見る機会に持参することも可能だ。0系はスカート（排障装置）の凹凸を省略せず描いていた。
※撮影地：リニア・鉄道館

4位　700系
5位　100系
　現在は、入れ替わっている可能性があるものの、最初に来るのが、懐かしさや可愛らしさも感じさせる最古参の0系。次に、最新型のN700系とつづく。さらに、こちらも引退して久しい300系。その次は、まだ山陽新幹線にて現役でがんばる700系が追いかける。最後を締めるのは、0系とともに昭和・平成を駆け抜けた100系だ。引退した車両と、現役で活躍する車両が交互にならぶ結果である。
「ピクトグラムに限らず、他の鉄道グッズでもそうなのですが、旧いものも人気ですし、新型も旬なので売れるのです。どちらかと言えば、鉄道ファンの方の軸にはなってしまいますが、新旧の両端が売れる傾向にはあるのです」
　これも商品によって違うので一概には言えない。しかし、今回のミニタオルは比較的セオリー通りのようである。

ではひるがえって、自分たちなら何から真っ先に買うか。ここで互いの意見は分かれた。担当者は、最新のN700系を選び、自身は0系を手に取った。次に選んだのはお互いに300系で一致した。

「駅によっては旧いピクトを残している所もあるので、みんなそれぞれ想うピクトグラムって違うのですよね。きっと一人ずつ思い出のピクトグラムをお持ちだろうとおもいます」

馴染んできた車両や、いつも利用する駅構内の様子、憧れや可愛らしさ、格好よさで選ぶ場合も、愛着の湧くものには違いがある。

「外国の方だと、今一番掲げられているN700系を気に入るかもしれない。というと、これだけというのはどうしても絞れなかった。そこでやはり、それぞれの想いをのせて、知る限りのピクトグラムを全部出してみることにしたのです」

正面のインパクト

ひとつ伺ってみたいことがあった。それは、今回のミニタオルがすべて先頭車両を正面から見た構図であることだ。この辺りにどんな特徴を感じるだろうか。

「身近なところから、JR東海とJR東日本のエリアに掲げる新幹線のピクトグラムのイメージが強かったです。それが先頭車両を正面から見た形でした。また、JR東海の新幹線ピクトといえば正面の構図で、これは自分の中でインパクトが大きかったです」

5種類の新幹線が正面を向いて並ぶと、売り場でもひときわ商品が映えた。また、新幹線カラーの青・白という限られた色数は、それ自体がシンプルに実際の車両らしさも表していると、見る側も自然に受け取れる。

「一人の利用客として思うのは、青と白だけではっきり分かる。外国の方でもパッと見てすぐ分かるというのが、東海道新幹線ピクトグラムの良さなのではないかなと思います。さらに誰もが『これは正面から見た新幹線なんだ』と捉えやすい構図も魅力です」

数々の鉄道グッズを扱うなかで、車両を正面からみた図案は引き付けるものがあるということか。

「商品化するにあたって、正面なのか、横なのか。これは商材によって変えています。例えばファイルならば正面の方がいいと思いますし、ペンはプリントしたとき、車体を横長に合わせた方が良いと思う。載せる媒体によって何が当てはまるかという側面があります。ミニタオルの場合、きゅっと正方形に収まったほうがインパクトを感じます。このピクトの良さ、可愛らしさが最大限発揮できるのではないでしょうか」

抑えた外観から特徴をとらえた300系のピクトグラム。やや突き出た先頭部のノーズを逆台形の帯で描いてみせた。

みんなの印象深いものを商品化する

駅のサインは、一つのパターンとして長方形の表示板を天井から吊り下げることが多い。文字表記を含むサインをまるごと再現するアイデアも浮かんでくる。しかし、最初からピクトグラムのみでいこうと決めていた。

「やはり、パッと見てみんなが見たことのある印象深いものはピクトグラムの方ではないでしょうか。サインならば文字とセットが本来かもしれませんが、どちらが記憶に残っているのか。絞っていくと、おそらく新幹線に乗ったことのない方でも、記憶に留めているのではないかと想像するのがピクトグラムなのです」

もちろん、商品開発はターゲットに合わせてマニアックに攻めていく手法もある。が、より広く浸透しているものを商品化するというのも面白さを感じるという。

なによりこれだけのバリエーションと、正面からみた「顔立ち」は各々違うけれども統一感のある図案が魅力だ。

「新旧取り交ぜて掲げてあっても違和感がない。新幹線とは別の車両だとは思わないのですよね。これはデザイン力が素晴らしいと思います。やはり、シンプルでパッと見て分かりやすい。誰からも好かれるフォルムではないでしょうか。無駄のない線や車体を表す曲線もイメージと合っています。以前、車内の座席に使うシートモケットを商品化しましたが、彩りや素材感がマスを意識している。つまり誰もが快適に過ごせる設計なのだなと気づきました」

実車での快適性がグッズにしたときにも、違わず生かされるということなのである。

「そのことを通して、鉄道の魅力が最近はより感じられるようになりました。知れば知るほど奥深い世界だなということが分かるようになって。ピクトグラムも、だんだんと知るなかで、気づけば系統ごとにフォルムを似せて作っていることも分かって。みんなのことを考えて設計しているのだなと思いました」

素材の良さが商品化した時にも生かされる。さまざまなものに落とし込んでも耐えうるデザインのすごさを知るエピソードだ。

再現にこだわる

では、ピクトグラムを再現するにあたって、タオルという素材を選んだのはなぜだろうか。

「身近で手に取ってもらえるかがキーポイントでした。お子様や女性の方は小さいバッグを持っていることがあります。幼稚園バッグや流行のミニバックにも収まる小さめのタオルはどうかなと」

まず、使う人たちの生活スタイルを尊重し素材選びを行なった。さらに、再現については具体的にどんなことをポイントにしたのか。

「現状あるピクトグラムの感じと極限的に一緒であることを前提にしました。駅で見かけたことのあるものを、そのままグッズに落とし込んでいます」

たしかに、タオルの寸法は枠線にあわせて正方形で、さらにカーブに添わせて丸くカットしている。フォルムをできる限り近づけて、見たことのあるあの形に似せている。そうしたこだわりに応える日常的に身近な素材がタオルだった。

一方で、グッズにはすこし振り切ってデフォルメしたり、ファンシーにアレンジしたりといった手法もある。ここまでリアルさに重きを置いた背景は何だったのか。

「駅で見ているものがちょっとデフォルメしてあると、『いつも見ていたのは

現場の声

実車を見ると、ピクトグラムの描いた視点はもう少し高い位置であると分かった。アングル次第で強調が和らぎ、リアルさが中和されるポイントが隠れている。

これだっけ?』と迷いが生じます。ミニタオルのピクトと照らし合わせが出来ないのは残念だと思いました。まずはそのままがよいのではないか。それがピクトグラムを商品化するにあたって思ったことです」

やはり、鉄道グッズを作るうえでリアルさは欠かせない条件だという。それは、これまで商品化していくなかで気づいていった。けれども、リアルさと可愛らしさの加減もある。振り切りすぎると、手に取ってもらえない可能性もでてくるが、そこをこのミニタオルはどこに留めて実現したのだろうか。

「もうこの素材自体でちょうど中和されていると思うのです。可愛さもあるし、リアルさもある。ちょうど良い塩梅なのがピクトグラムの良さですよね」

メカニックな側面は最初から省略が効いている。すでにシンプルなデザインとしての良さは備わっている。あとは何に落とし込むか。新幹線のピクトグラムに着目したことが、グッズの商機に貢献したといえる。

サインの力

すこしでも鉄道を利用したことのある人が知っているものという意味で、やはりサインの力は大きい。それが、文字情報以上に残るのがピクトグラムなのかもしれない。外国の人にも言語では読み取れなかったものが、絵文字にすることで情報を掴むハードルが下がる。対象をイメージするヒントにつながる。

「東京五輪でも話題になり、まさにそのこととも重なります。ピクトグラムに注目して、可愛らしいと思った方もきっと多いと思いますし、何より私自身もそれを感じます。新幹線以外のピクトも含めて、日常目にする身近なサイン、それがピクトグラムなのではないでしょうか」

そして改めて、ここまでバリエーションがあるのも、新幹線ピクトグラムの面白さだ。1964年当時の姿をとどめた0系。そこから、100系、300系、700系、N700系と現在までの軌跡がうかがえる。それはそのまま歴史だ。次に迎える節目の年をさらに越えて、これからも愛されるサインの力を発揮して欲しい。

取材協力：

都築聖代氏（＊2023年10月1日より東海キヨスク株式会社は、株式会社JR東海リテイリング・プラスになります）

コラム 出口は伝えたい

ラグビーワールドカップ観戦のお客に対応する2019年当時の様子。(東京駅)

東海道新幹線の東京駅に到着すると、出口で案内用の黄色い横断幕が目に留まった。立ち止まって太字を読んでみる。

「RUGBY」「係員応対します」「JAPAN RAIL PASS」「ゲートが閉まり通れないお客様」、そして「Why?」――。よくある質問ということだろうか。日本語と英語の入り混じった断片的な語句は、まるで検索キーワードのようである。

2019年は、ラグビーワールドカップの開催国が日本だった。11月2日の決勝まで各国から観客が集まってくる。当時、外国人旅行客の鉄道利用に便利なジャパン・レール・パスは、有人改札のみ通過することができた（※）。自動改札機の前で、なぜ扉が開かないのかと悩む人に、係員が手助けすると伝えている。

＊＊

※現在、ジャパン・レール・パスは、国内の乗車券と同じように自動改札機の挿入口へ通してゲートを通過できる。

新幹線改札内にある手作りの看板。（小田原駅）

英文の案内ボードも。箱根に向かう外国人旅行者を出口へ導く。

海外から訪れる人たちのために、駅で簡単なメッセージにイラストや写真を添える配慮を見かけることがある。それは観光地を抱える駅ほど多い。

　小田原駅では、ホワイトボードに即興で描いたような階段と矢印を組み合わせ、下り方向を示して新幹線のりばと出口とをつなぐ。もちろん、ジャパン・レール・パスの利用客も多い。そのため別の出口には、英語表記で「check」と書いて、その横に係員が笑顔で応じることをイメージしたイラストを添える。これがもしピクトグラムならば表情までは分からない。できる限り安心して利用してもらいたいとの配慮が、イラストを通じて心地良く相手にとどく。

　それだけ、駅の出口は緊張する場所だということの裏返しでもある。手持ちのきっぷで無事に通過できるか、途中で扉が閉まらないか、通った後はどちらの方へ進めばよいか。たとえ慣れ

ボードには、表裏で案内する内容を変えて書ける利点がある。(熊本駅)

裏面に描いたリアルな「つばめ」が目を引く。

ていても油断はできない。そのため、誰にでも見やすく、分かりやすいよう、形や色や文字を統一した標準のサインがある。これらは人々の移動をスムーズにし、悩みを減らす役に立つ。

＊＊

一方で、日々の細やかな問い合わせには、手製や手書きの掲示類で対処することもある。少しでも迷う人を減らしたい。そのために知恵を絞るのも駅の大事な役割である。

洒落たカフェボードが熊本駅の新幹線改札内に置いてあった。どこか長閑な雰囲気が漂う。近づいてみると、黒色の板面にカラーペンで九州新幹線「つばめ」号が描かれていた。喫茶店の前に置いても遜色ないほどの手慣れた書き振りである。上には各方面とのりば番号を大きく書き、数字は駅のサインで見かけない、文字の端に短い爪部をつけたセリフ体を使う。まだ新しさ

裏面にはさりげなく案内に混じって
スマートEXの手描き案内も。

太い矢印が印象的だ。改札を出る人に
向けた乗場と出口の案内。（新横浜駅）

の残る新幹線駅に、レトロ調の手書き文字が乗客を案内していた。

その数か月後、東海道新幹線の新横浜駅で同じ例を目にする。さすがに乗客の往来が激しいとあって、頑丈なアルミ枠のボードだ。マーカーで太く塗りつぶした矢印に、在来線の方面とりば番号を書く。裏側に回ると、ボード全体をスマートフォンの画面に見立て、列車予約アプリの絵が描いてあって面白い。「あなたのスマホにもう入っていますか？ ぜひ！ ご利用下さい！」と薦める。アプリを使って予約し、改札口でICカードをタッチすれば、チケットレスで通過できることを謳っている。

これで思い出す例がもう一つ、東京駅の日本橋口に、緻密な新幹線のイラストと整ったペン字で「ここは東海道・山陽新幹線の改札口です」と案内するホワイトボードがあることだ。巧みな構図のイラストはもはや本職の域で話

読めばこの場所にどんな質問が寄せられているかもにじむ。（東京駅）

題を呼ぶ。このジャンルのヒットメーカーだが、板面にはこの場所ならではの問い合わせがぎゅっと詰まっている。他社線ののりばや商業施設の案内だ。繰り返し訊かれ案内する苦労を逆手に取った、注目の案内板である。

いずれも喧騒を和らげる工夫を感じ、通過するだけのこちらの心も思わず和む。

＊＊

出口には伝えたいことがあふれている。標準のサインではまかないきれないメッセージが日々積み重なる。それをどうやって届けるかは駅によってさまざまだ。

以前、北海道新幹線の新函館北斗駅で、係員がプラカードを持って改札外に立っていた。厚い紙製の発車標で、1番線に停車する快速「はこだてライナー」へ、声を出しながら導いていた。まさに人とサインの融合で、興味深い試

かつては係員が人海戦術で案内した時期もある。（新函館北斗駅）

慣れた人と慣れない人を分けるのも混雑緩和の策。（東京駅）

みだった。利用者が定着した現在では、もう実施していないそうである。少し残念だが、新駅ならではの柔軟な対応に心から拍手を送った。

　サインと人は助け合いながら乗客を導いている。貼り紙や係員にも助けられ、目的地にたどりついたことは何度もある。東京駅の南のりかえ口で、話題になった掲示物を見に行った。「よく使われる方」は右へ進み、「ご不安な方」は左へ進むよう促す。複雑なきっぷ事情を反映し、最初から係員が補助する前提で案内する。自動改札機のランプが点灯し、音が鳴って扉が開かない時の残念な気持ちと、後ろの人への済まない気持ちは、誰しも一度は経験したことがあるはずだ。知らなければそれも仕方がないのである。あらかじめ不慣れなことを知らせて助けてもらう。人を配置できる場所ならではとも言えるが、ＡＩの実証実験も始まった今、細やかな援助は人の手が欠かせない。

その2

注意喚起の向こう側

コメットおことわり

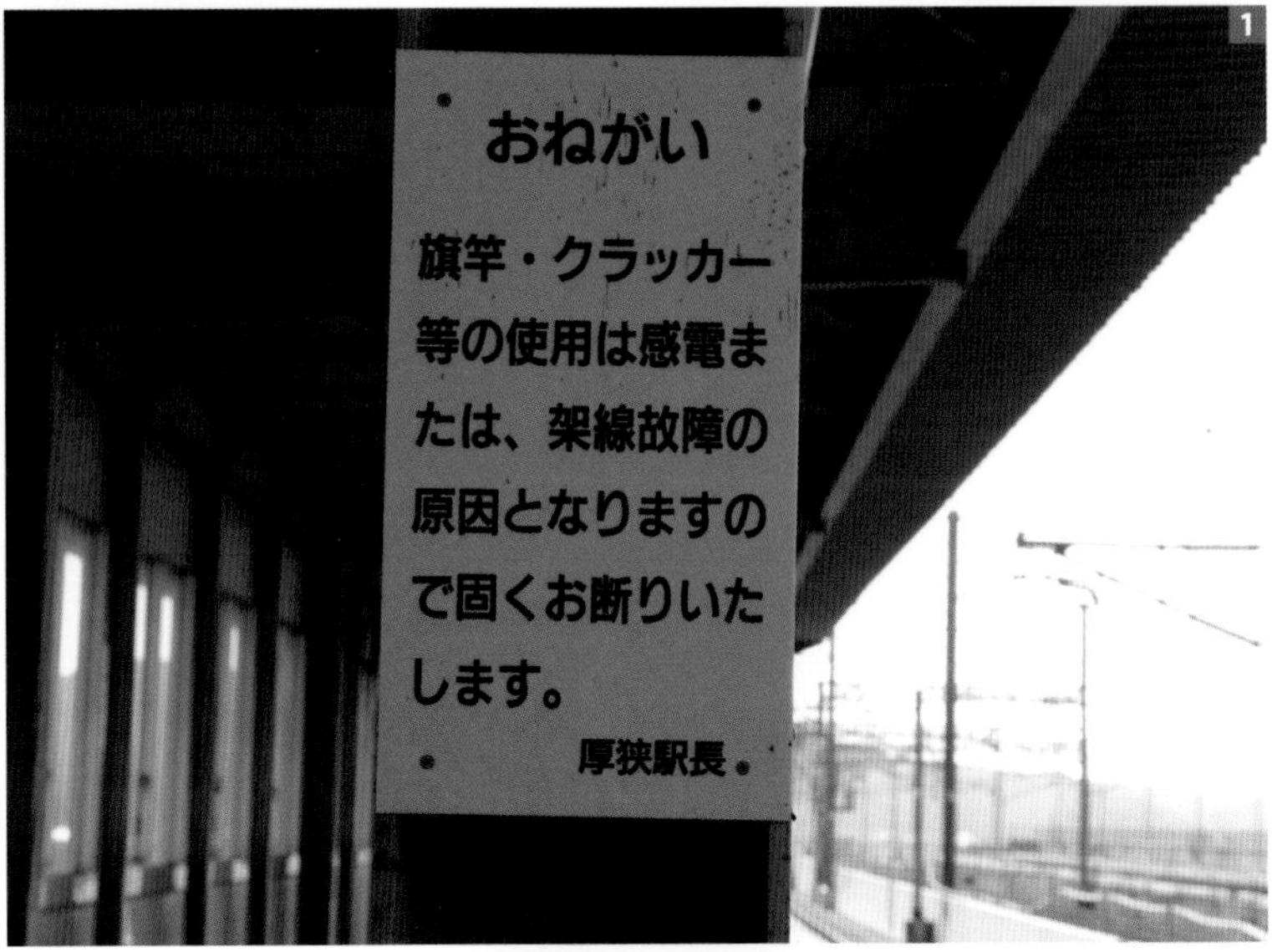
おねがい
旗竿・クラッカー等の使用は感電または、架線故障の原因となりますので固くお断りいたします。
厚狭駅長

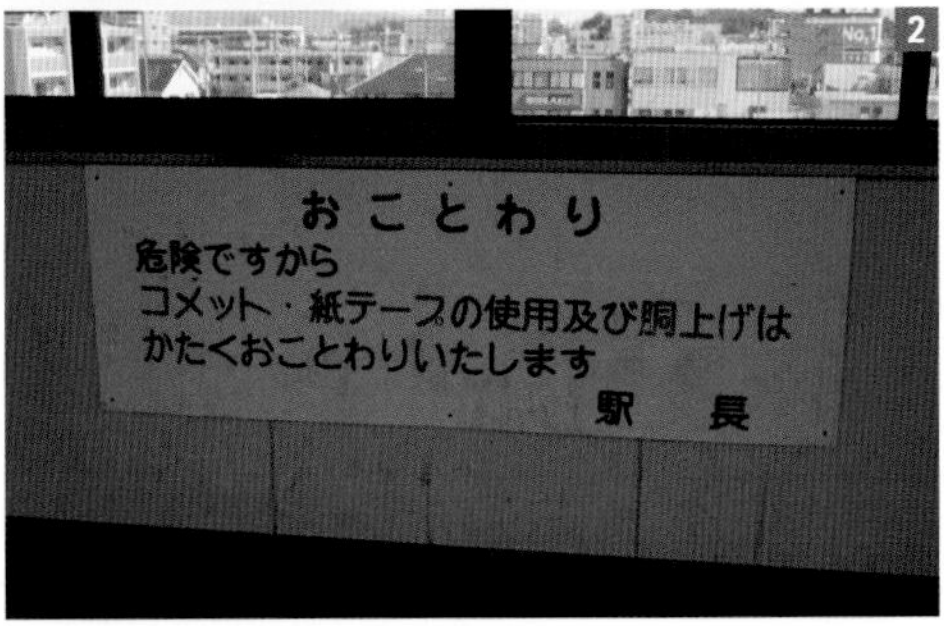
おことわり
危険ですから
コメット・紙テープの使用及び胴上げは
かたくおことわりいたします
駅　長

1 かつての雰囲気を残すお願い文には、理由とともに旗竿などは固くお断りという。（厚狭駅）2 コメットの文字が往時の見送りの盛大さを物語る。（新山口駅）

ハレの日の演出

小倉駅から新幹線に乗るため、ホームで乗車位置を探していた。さまようなかで目を引いたのが「お見送りエリア」である。床面を青色に塗った一画が安全柵に沿って設けられていた。ホームに向かって同時に20人は立てるのではないかと思うくらいの幅と長さである。新幹線のホームから旅立つ人を見送る場面が繰り広げられることを示すサインだ。しばらく立ち止まり床を眺めた。

到着した車両に乗り込んで指定の座席に腰を下ろすと、トランプカードをめくるように次々と思い出す看板があった。それらには見送る人の気配が漂う。けれども、いささかハレの日の演出が過ぎるため禁止と書かれた内容だ。

旗竿・クラッカー・爆竹・コメット・紙テープ禁止

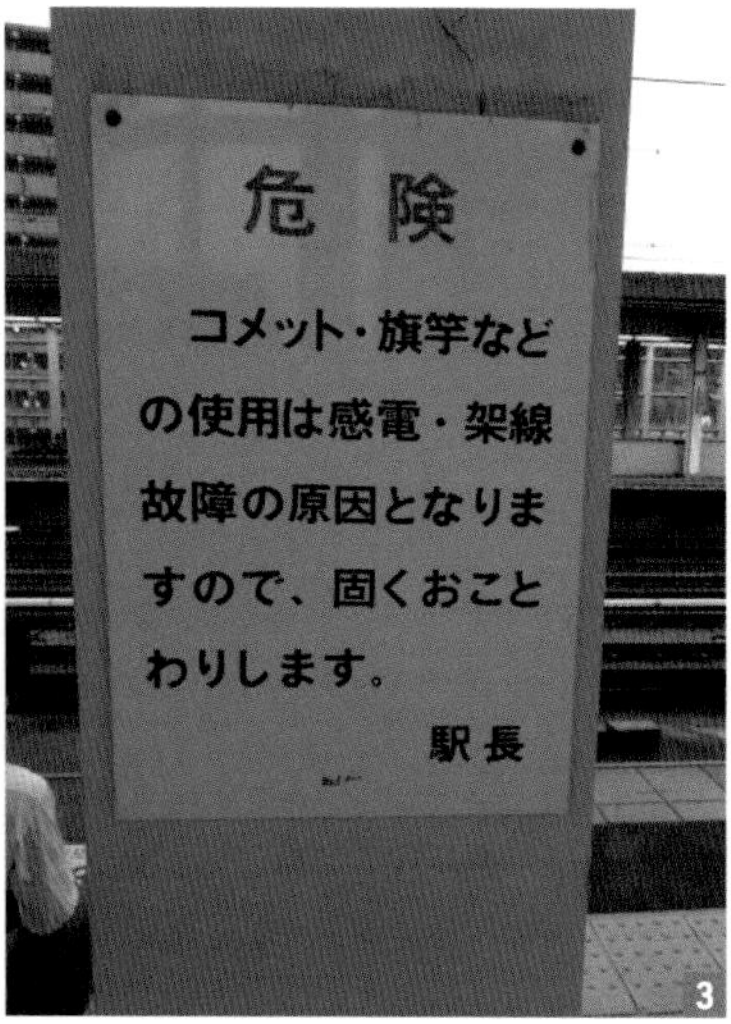

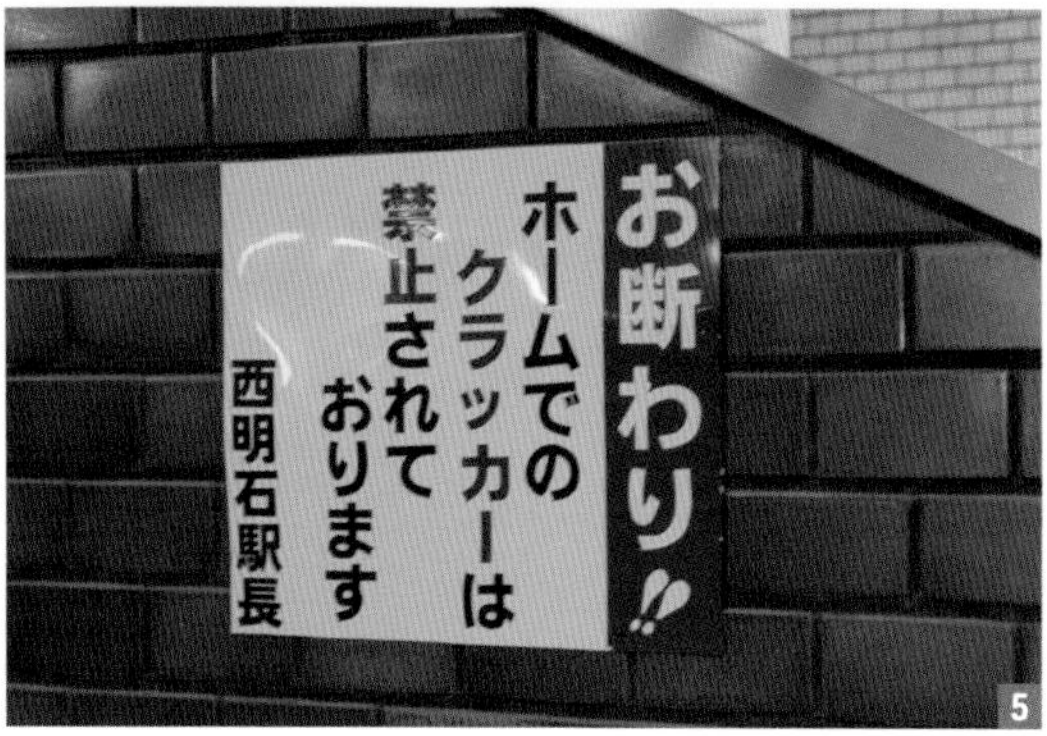

3 見送りの今昔をふり返る。看板は貴重な語り部だ。（徳山駅）4 お断りに含まれる胴上げだが、気持ちの高まりが伝わってくる。（新倉敷駅）5 赤と黄の２色に塗り分けた看板は珍しい。（西明石駅）

小倉駅から東へ２つ進んだ厚狭（あさ）という駅には、ホームの屋根を支える柱に「おねがい」と書かれた看板が付いていた。「旗竿・クラッカー等の使用は感電または、架線故障の原因となりますので固くお断りいたします。厚狭駅長」。読めば危険とすぐに分かる。現地で繰り返し行われてきた送別の習慣かもしれない。港から出航する船を見送るように、長い旗竿を振り、クラッカーを鳴らして盛大に見送った。

さらに東へ行くと、新山口駅では「おことわり」と前置きして、「危険ですからコメット・紙テープの使用及び胴上げはかたくおことわりいたします　駅長」と記されていた。「コメット」とは聞き慣れない言葉である。真っ先に浮かんだのが、彗星を意味する英語（comet）だ。かつてはジェット旅客機や、テレビドラマの主人公の名前にも付けられた。最近ではJR東日本の新幹線ホーム案内係の名称にも用いる。

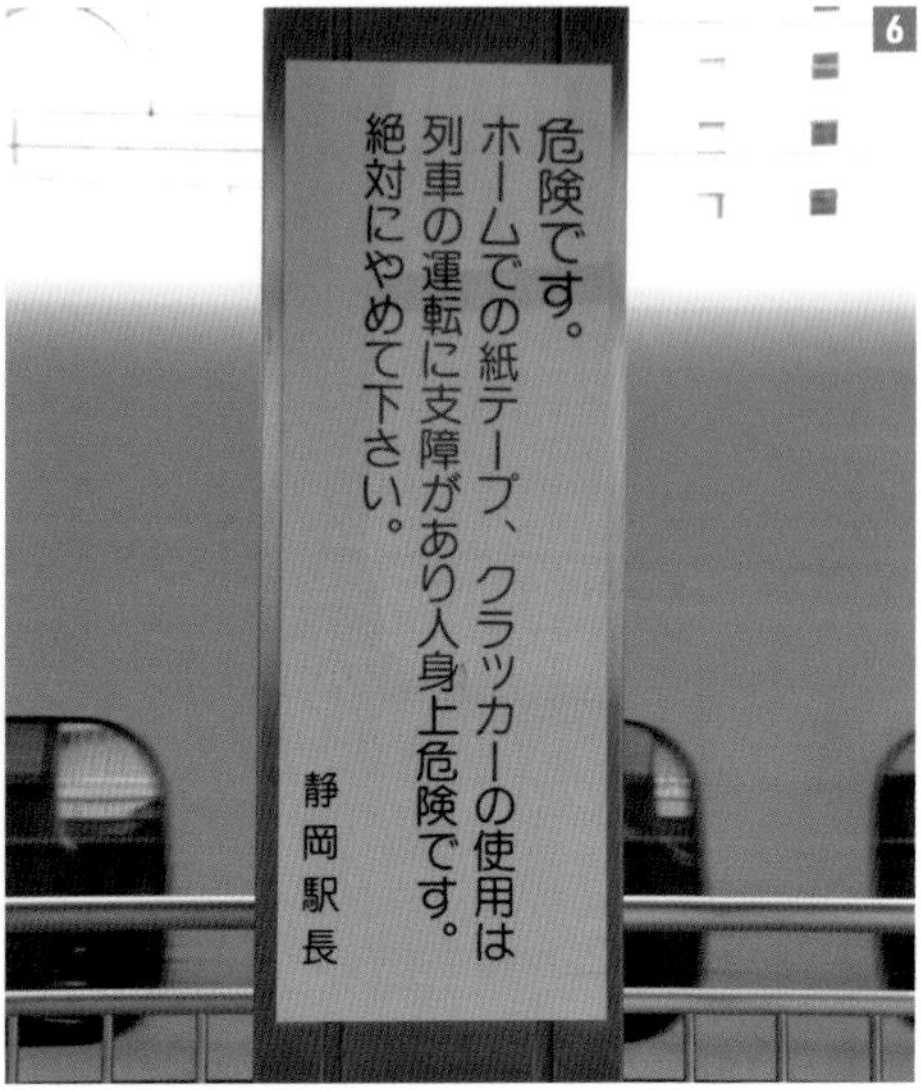
危険です。
ホームでの紙テープ、クラッカーの使用は
列車の運転に支障があり人身上危険です。
絶対にやめて下さい。
静岡駅長

飲料水
WATER
送迎のお客様へ
ホームではクラッカーや
爆竹等の使用は列車の
運転に支障する場合が
ありますので絶対に使用
しないでください。
駅長

6 名古屋方面に向かうホームにも掲げる。(静岡駅) 7 このような看板の数は減っているが、見送りの風景が失われたわけではない。(古川駅)

名残のほうき星

帰ってから調べると、コメットは玩具用花火のことだった。円錐形の紙筒の先端についた紐を引くと破裂音が鳴り、中から細い色紙や紙吹雪が飛び出す。パーティー等の演出などに使う。元々、海外から日本に入りコメットと呼称したのを、クラッカーの呼び名にして売り出したのが、愛媛県宇和島市の玩具煙火メーカーのカネコだ。家業を継いだ金子仁さんが23歳ごろで、昭和30年代初頭というから、まだ新幹線が開業する前のことである。

このコメットは、徳山駅や新倉敷駅の看板にも出てくる。いずれも使用を禁止しており、理由は厚狭駅と同じだ。以前に定着していた呼び方が名残を留め、意外なほどの根強さで看板に刻まれている。

静岡駅では、紙テープ、クラッカーの使用は列車の運転に支障があり、人

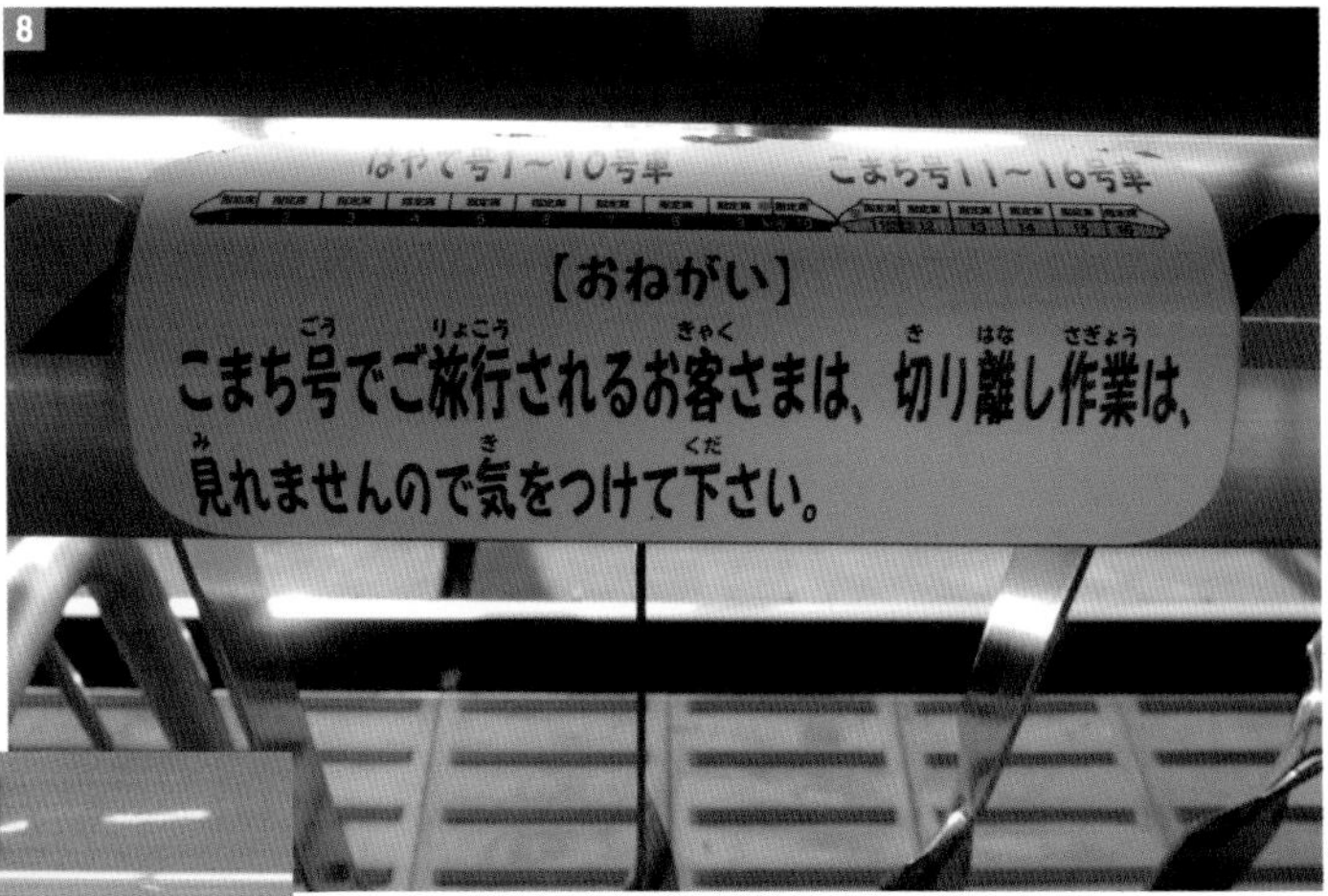

8 駅を出る新幹線も見送る対象に十分なりうる。（盛岡駅）
9 子どもと手をつなぐ母親のイラストは、安全を守る駅係員の気持ちをも代弁する。（新青森駅）

身上危険で禁止するとの文言だった。船舶ならば、出航のセレモニーに紙テープを使う場面を今でも目にする。幅約20ミリ、長さ約30メートルの細長い色紙の帯が、ほうき星のようにたなびく。紙はある程度のところで尽きてしまい、紙片が手元に残る。新幹線にもそのような一瞬の華やぎがあったということか。東京と名古屋の中間に位置する駅は、どちらへ向かうにも見送る人が佇んでいたのだろう。

　このような看板は、じつは他の路線にも見られる。東北新幹線の古川駅である。「送迎のお客様へ」と題して、ホームでクラッカーや爆竹を使うと運転に支障が出るため、絶対に使用しないでくださいとお願いする。送別の場面に用いる共通の道具に思わず興味が湧く。

今も昔も変わりなく

すでに内容は古くなり、危険と書か

ホームで見送る人たち。また会う約束を
何度も交わしながら。(岡山駅)

れたことは、もうホームで行うこともなくなったかもしれない。だが、これほどまで見送りが各駅に見られたことに改めて驚く。

ふと、『土佐日記』の一節を思い出す。主人が任期を終えて京へ戻る途中、港ごとに別れを惜しんで追いかけてくる人たちがいた。「この人々ぞこころざしある人なりける。この人々の深きこころざしは、この海にも劣らざるべし」。古来、許される範囲で駆けつけ別れを惜しみ、去っていく者は相手の情の深さに胸を打たれる。そんな見送りの風景があった。

徳山駅に到着すると、一つ前の席に座ったご婦人に、窓の外から3人の男女が手を振っていた。車内から笑顔で何度も手を振り返している。目には涙が浮かんでいた。

現場の声

乗客本位の発想で生まれた「お見送りエリア」（西日本旅客鉄道株式会社）

今でも広がる見送りの風景

節目に、門出に、人と人が別れ手を振る場面は、鉄道に旅情がもどる一コマだ。見送る者と見送られる者が繰り広げるわずかな時間のやり取りは、それぞれの想いを込めた「さようなら」がある。

上京、遠距離恋愛、就職、結婚、転勤。過去には遠地へ出征していく兵士を見送ることもあった。名状しがたい数々の別れが、歴史のうえでも日常でも、駅の各地で繰り広げられてきたのである。人が車窓に向かって手を振るとき、かけがえのない人生の刹那を見る。

しかし、そうは言っても、本当に駅で見送りをする場面などあるのかと、疑いたい気持ちが湧いてくる方もいるかもしれない。自分に体験がなければ、それはほとんどないのと同じと思う向きも分からないではないのである。

けれども、小倉駅のホームに「お見送りエリア」と書いてあるのを見ると、その疑問が関門海峡の風にのって消える。ここではたしかにその光景がかなりの頻度で展開するようだ。心温まる場面を思い描く一方、手製の床面サインに仕立てる以上は、何か切実さを感じないでもない。どんな訳があって、13番線ホームの端から端まで、長距離に渡りそのエリアを作ったのか。幸い、駅構内のあちこちにこのエリアの存在を知らせるポスターが貼ってある。これは、さりげなくやっているというより、どちらかというと、積極的に利用して欲しいことが無言のうちに伝わった。

それでは、きっと尋ねたなら、熱い話が伺えるのではないか。そのような希望が湧いて、サインを作った経緯や、制作にまつわる話を、ＪＲ西日本小倉駅に聞いた。

プロジェクトの立ち上げ

このユニークなサインの発案者は、小倉駅の駅係員として現場に携わる、5、6人のメンバー（異動で多少の増減あり）で構成された駅の課題を解決するチームだった。

「メンバーで集まって今年は何をしようか話し合ったとき、やはりお見送りのお客様が多くて、列車防護スイッチという危険なときに列車を止めるスイッチを押す駅係員もいて、本来、列車が動くのを監視する業務に加えて、お見送りのお客様を見ていると、集中できないという意見がでました。これがまずやるべき課題ではないかと、お見送りのお客様が列車から離れていただけるようなことをやろうと決まりました」

大きなテーマを「安全」に据えて、上司に話を通して自由にやっていいと後押しをもらった。さっそく、ホームアナウンスの声の通り方を調べて、必要なデータを取った。お客の目線になって、どうしてお見送りをするのかというところを考えて、最終的に「お見送りエリア」に行きついた。

耳と目に訴える

小倉駅の新幹線ホームは2面4線あるが、特徴は弓なりにカーブしていることだ。それは、現場のホームアナウンスに一つの課題を生んでいた。

「係員の駅の放送は、全ホームマイクで聞こえるようにはなっているのです。博多駅はわりとホームが直線なので、お客様の方向を向いて、マイクでしゃべりながら身振り手振りをすると、気づかれる方がいらっしゃいます。けれども、小倉駅はホームが曲線を描くため、お互いに姿を認識できない箇所があります。駅の係員はカメラで分かるのですが、お客様は、おそらく誰が何を言っているか分からない状態が生じます。放送は聞こえているけれど自分事として捉えづらいケースもありました」

そこで、もし「お見送りエリア」があれば、「放送しているな、お見送りエリアと言っているな、では下がろうか」という流れが期待できる。まずはそこを耳と目に訴えたいと考えた。

小倉駅は入場券を買う人が多い

また、小倉駅の特徴を知るうえで大事なヒントがもたらされた。それは、当時の駅長が言ったひとことだった。

「私たちに『小倉は見送りが多いね』と提言されたのです。小倉駅で仕事をしていますが、そこまで気づかなくて、さっそく調べました」

見送りだけして駅を出る利用者は入場券を買うはずである。その利用状況をみることにした。すると、山陽新幹線の博多、小倉、広島、岡山の各主要駅で、2019年1月6日当時、小倉駅が一番多かったことが分かった。見送りの多いシーズンの比較で信頼性の高いデータだ。

「博多駅のほうが乗降人数はかなり多いのですが、見送りでは小倉駅のほうが熱心な方が多いのは確かです。おそらく博多駅は乗り換えのハブ的な役割、つまり交通網の結節点だからでしょう。改札口まで見送りに来られて、外でお別れしてから、乗車のお客様のみホームに上がるパターンも多いのです」

小倉駅の見送りの多いことが段々と明らかになり、メンバー一同が実感して「本当に多いんだ」と当時驚きの声をあげた。

1分の停車時間

メンバーの中には、博多駅ホームで勤務経験のある者もいる。

「もちろん、博多駅にも見送りのお客様はいらっしゃいます。けれど『のぞみ』の停車時間は長く、その間にホームでずっと見送りをするかどうか。その一方、小倉駅は停車時間が1分です。わずかな時間の勝負で、ギリギリまでいる方が多い印象です」

この1分の停車時間が意外とミソのようだ。実際、博多駅では見送りのお客でそこまで危ないと思ったことは多くなかった。スタッフが多いというのもあるが、お客はサラリと帰る割合が高い。列車が出るころには誰もいないこともあった。そこは小倉駅の特色をいっそう際立たせる違いとなった。

以前から小倉駅は見送りが多い

長年勤務するベテラン社員からは貴重な意見もあがった。じつは、小倉駅に見送りが多いのは昔からだというのである。

「当時も注意喚起はやっていました。振り返ると、今よりももっとやってきたかもしれません。しかもあの時は『下がってください！』と口を酸っぱくして言っていた。それが当たり前でルーティーン化していて、解決しようという発想が湧いてこなかったのは正直なところです」

そこを解決しようとするターニングポイントをさらに聞いていくことにしたい。

お客との認識のズレに気づく

当初からホームに色を塗るというアイデアはあった。けれども、お客はなぜそこまで見送りに没頭してしまうのかという話になった。係員には前提として「危ない」という共通認識がある。具体的にはホームの柵と、足元の点字ブロックの外側に出ると、危険という認識を全員が持っている。一番理想的な状態になり発車させようというラインは、点字ブロックより内側にお客が入ることだ。

考えていくうち、

「お客様は危ないって思ってないんだと気づきました。新幹線がどれだけスピードを出すか分からないのでは？という話になって」

点字ブロックの上や、柵を掴んでいるくらいなら危なくない、列車が動いて

サインは目に留まるよう手書きにこだわった。

動物や鳥の足跡のペイント。列車を
待つ間、親子連れに喜ばれている。

小倉駅13番線ホームの「お見送りエリア」。
ホームのカーブに沿って床面に青いエリア
が続く。

いないならよいと思っていれば、もしかするとタイミングを見て手を出そうとするのではないか。お客がどう動くか分からないので、一番安全な状態に持っていかないと列車は出せない。

　これは耳の痛い話で、振り返ると身に覚えのあることばかりだった。しかも、見送りに必死であれば、列車は停まっているところから動くという次のアクションに、なおさら気持ちが及ばない。

「まず、お客様の認識と私たちの認識にズレがあるのではないかということを起点に、サインをホームに描くゴールを目指してみよう。そこから、どんな形にすればいいのか、みんなでアイデアを練りました」

　係員の〈お見送りは危ないですよ〉
↓〈危ないから離れてほしいのです〉
↓〈そのために黄色い線があります〉
というアナウンスの主旨をお客に認識してもらうため、どこで見送りをすればよいか分かるようにしようと考えたのである。

すでに発声だけでは効果のないことは、新人からベテランまで体感している。本当に解決するには、じつは次の手を打つしかなかった。

「1分停車ということもお客様はご存じない。もうちょっと停まっているのではないかと、むしろ感じていると思います。厳密には45秒くらいでドアが閉まって動き出すので1分より短いのです」

乗り込むだけでなく、降りるお客もいることを考えると、別れ際の時間はきわめて短い。

見送りの季節・道具・方法

では、小倉駅の新幹線ホームで見送りの多い時季はいつごろなのだろうか。

「まず、長期連休にともなって長距離移動のある季節です。3月の卒業シーズン、8月のお盆、年末年始のお正月もそうです。とくに熱心なのは3月だと思います。なかには泣いていらっしゃる方もいますから」

お盆や年末年始は、帰省する人を送り出す家族や夫婦が中心で、卒業シーズンになると団体で見送るケースも増える。なかには、横断幕を持っている人も見かけるそうだ。

「ご自身の家族もそうですが、例えば部活のお仲間で集まって見送りにきている場合もあります」

見送りの方法はバリエーションに富んでいる。横断幕以外にも、学生たちが記念にスマホで動画を撮ったり、会社関係の送別会の流れからか胴上げするケースもあった。いずれも、安全の見守りが第一で注意喚起を怠らない。

「あとは、列車が出るタイミングでお子様が列車を見たくなるケースです。そのとき、今では『お見送りエリアまでお子様と手をつないでお下がりください』とお伝えすることができます。列車のお見送りもして欲しいのでぜひお願いしますと」

じつに優しいサインだ。

最初の塗装11号車〜16号車エリア

ここでもう一度「お見送りエリア」の場所を確認しておきたい。小倉駅の新幹線ホーム13番線の1号車から16号車の停車位置にかけてである。なぜここに設けたか。それは、博多から東京へ向かう上りホームで、「のぞみ」の入線頻度が高く、見送りのお客が集中するのりばだからである。

はたして、いつごろ制作して、完成したのだろうか。

「2019年の5、6月でアイデアを練って、7月に夜中出てきて、新幹線の動いていない時間に塗りました」

ここで重要なのがタイムスケジュールである。

「最後の列車が出る時間を把握してお

きました。最後は8両編成で、それなら『のぞみ』の16号車寄りのお客様は来ないので、そこから進めることにしました。塗る範囲も狭く設定しないとペンキが朝の始発までに乾かない。時間と体力の勝負です」

最初に東京方面の11号車から16号車側を2回に分けて取りかかった。2色あるうち、明るい青色を1日目に、次の暗い青色を2日目に塗った。

「初日は、2019年7月22日の深夜です。しかし、塗ろうと言ったはいいものの本当に効果があるかまだ分からない。たとえ効果はあっても景観を損ねることになっても良くないので、消せる前提も考えました。このペンキならば消せるから大丈夫ということも確認して、もし効果があったら、上からコーティングして消えないようにしようと決めました」

すぐにお客の多い週がやってきた。さっそく効果を検証する。一番のターゲットは見送りの常連である高齢者だ。

「主に単身で来られて、お孫さんのお見送りのときなどとても熱心です。見ていると、一回列車に近づかれたあと、足元を見て、『あ、これだ』と指さして、下がられた様子を目にしました。効果があったことが嬉しくて、みんなに伝えて喜びました」

2回目の塗装 7号車～10号車は塗装なし

効果の検証を重ねて、いよいよ2回目の塗装を行なった。新年を迎えた2020年1月20日と2月4日に、博多方面の1号車から6号車を塗った。1回目と同じく、明るい青色と暗い青色を2日に分けた。

0時に全部の営業が終わってからスタートして3時で終える。

「夜も保守用車といって工事用の車両が通ります。そのため、あまり遅くまでかかると作業の邪魔になってしまいます。切り上げは絶対3時にしておこうと決めました」

塗装の前後に、マスキングテープを貼って剥がす作業もあり、それを一度で済ませる。やることは意外と多く、毎回この段取りで時間通りにやっていこうと計画した。

「メンバーも勤務の都合上、全員参加は厳しかったので、この日はメンバー3人と応援で副駅長や助役にも加わってもらいました」

ちなみに、7号車から10号車にかけては塗装をしていない。これは、係員の立つ場所がちょうど8・9号車付近で、何かあってもすぐ駆け付けられる範囲であるためだ。また、当時は売店があり、お客の滞留する場所だったこともあって、あえて塗らなかった。

なぜ青色？

完成した「お見送りエリア」だが、気になることがいくつかある。まず、なぜ青色にしたのだろうか。

「ホームには、車掌が列車停車位置をここだと確認するマークがあります。『のぞみ』が黄色で、『さくら』が緑など決まっています。その色を使ってしまうと車掌が混乱してしまいダメだということになりました。また、赤い色は『注意』を促す色で、ここに立っていいという所へ使うのは目立つけれども良くないという話にもなりました。赤は信号にも使われていて、運転士がたまたま見かけて誤認識してはいけない。それで、ホームにあまり使ってない色で、車掌や運転士の業務の邪魔にならない色と考えると青となりました」

ここからが徹底している。博多新幹線列車区という新幹線を運転する車掌と運転士がいる業務用箇所で話し合い、これなら大丈夫と確認を取った。

「あと、赤が色覚弱者の方には見えづらいのです。国土交通省のガイドライン等を読んで勉強しました」

これで青色と決まった。

「実際の塗色はスカイブルーに白を混ぜた色です。通常では青過ぎてしまうので、水性のペンキで、若干水を混ぜられるものを選びました。原色だけで塗ると伸びが悪いというのもあります」

さらに、前の項目でも触れたとおり、暗い青色を使っている。こちらは紺色で、お見送りエリアに立体的な視覚効果を狙って塗り分けた。

立体

「立体にしようと思ったのは、京急の空港線で立体的な床面サインを一時期使っているのを知ったからです。それがネットで評判になっていました。そこで、立体にしてみたらお客様からも目につきやすいし、話題性もあるのではないかと思いました」

錯視を使った床面サインのことは耳に届いており、見に行ったことがある。あるポジションに立つと、平面に書いた文字が立ち上がってみえる。

小倉駅の「お見送りエリア」がこの手法を参考にしていたとは気づかなかった。

「正直に言いますと、見え方は中庸に留めています。デザインとしても壊れてはいないので、ちょうど良いかなと思います。影は逆に付けると凹んでしまうので、なるべくエリアを強調する程度に収めています」

ここでも一工夫あった。なるべく単調にならないデザインにしている。

寸法

先ほど、3時間以内で塗装の作業を終わらせなければならないという話が出た。そうなると、時間内に塗り終えられ、かつ見送る人が無理なく立てる寸法を決めなければならない。一か所ずつメジャーで測ることなく、効率的に進められる目安があれば便利だ。

「ホーム床面のタイルを使って、スカイブルーはタイル2個分を基本にして、影の部分はタイル半分ほどを使っています」

これに加え、横幅も乗車位置にあわせて適宜調整し、満遍なくエリアの寸法を決めた。

マスキング

一つよりどころになる物差しがあると、作業効率は上がる。3時間というタイムリミットに向かってまっしぐらに進めた。

「まずはホームの『お見送りエリア』となる箇所をマスキングテープで囲っていきました。一人が『ここからここまで行きましょう』と指示を出し、他の人たちが一斉にマスキングしていく。これを繰り返します。その次に、ここからペンキを塗っていこうと決め、また一斉に取り掛かります」

タイルももちろんそうだが、エリアの四角形の角がきっちりと立っているのは、マスキングテープのお陰だ。

「ホームがカーブしているので、タイルで数えても揃わない箇所もあります。面積も場所により異なりますが、最大寸法は縦90㎝×横１１４０㎝と広々しています」

刷毛

また、参加者の現場経験が顔をのぞかせる一幕があったのも面白い。

「メンバーには車体の塗装をやっていた人もいて、マスキングや刷毛にとてもこだわりがありました。刷毛は兎の毛がムラなく塗れるという話から、その方の担当したところは、刷毛塗りで格段に仕上がりがきれいです」

ネーミング

ここで原点に立ち返るようだが名づけの話である。「お見送りエリア」にも、決まるまでにちょっとした紆余曲折があった。

「たしか最初は『見送りゾーン』と呼んでいました。スクールゾーンのように、子どもたちのための交通安全対策の重点地域と似たような、見送りのためのゾーンを作ろうと仮称していました」

しかし、ともすると鉄道用語のごとく列車見送り……と長くなってしまう。いよいよ作る時期が迫り、「ゾーン」か「エリア」の二者択一から、「エリア」の方が分かりやすいのではないか」と意見がまとまった。

「お」とよみがな

当初、塗装を終えた青い床面には「お」のない「見送りエリア」と書いていた。そこへ当時の駅長から「お」を付けた方がよいと助言があった。さらに営業担当からも、よみがなを振るのはどうかと提案があった。すべての作

見送りにきた夫婦がエリアに気づいて中へ移動した。サインの効果を実感する。

みんなが安心なお見送りを。キャラクターの「みさとちゃん」が笑顔で呼びかける手製のポスター。

列車の乗車口を挟むように塗られた「お見送りエリア」。乗降客と動線を分けるゾーニングだ。

業が終わった後、「お」とよみがなを振った。子どもたちや外国の人に配慮してよみがなを振り、お客様へ丁寧に「お」を付けるという発想である。ここにようやく「お見送りエリア」が誕生した。

手書きとフォント

出来上がった「お見送りエリア」を歩いていると、いかにも手作りらしい温かみを感じる。そして何より目を引くのは、エリアの面ごとに少しずつ違う字体だ。

「それで誰が書いたのか私たちには分かります。最初はフォントを用意して、明朝体で書こうなど話し合っていたのですが、あえて手書きにした方が人の目に留まるのではないかと、そんな効果も期待して作りました」

なかにはメンバーの母親がエリアにある字を見て、「あなたの字みたいなのが書いてあった」と知らせてくれたエピソードも残っている。

足跡の効果

もう一つ、話を聞くなかで見逃せない出来事がある。

日中は、緊張感をもって列車の定時運行とお客の安全第一に努める駅のホームで、深夜に着々と「お見送りエリア」の塗装が進むなか、メンバーのなかに閃きの連鎖が起きた。それが、エリアに点々と描かれた足跡である。

「足跡は当初の案にもあったのです。よく、病院やコンビニの床面に足跡のマークが付いていますが、それがあると、そこへ準じていく心理的な作用が働くことをヒントにしました。けれども、動物の足跡を描くことまでは思いつきませんでした。塗りに行った係員が自主的に描いたものなのです」

これは予想外の効果も生んだ。子どもが足跡に自分の足を重ねて、ずっと見ていたというのである。

「いっぱい描いてあるので、その上で遊んでいることもあります。お母様方も『こういうのがあるんだ。じゃあ、こっちに入っとき』と促してくれます」

日常の何気ないところに着想を得て、それが効果を十分に発揮しているところがすごい。

こうした実績を経て、ホームの清掃員やグループ会社の方たちの協力を仰ぎ、仕上げのコーティング（塗装前の清掃も含む）をお願いした。表面が濡れても足が取られないよう、滑りにくい素材であることも確認済みだ。

「お見送りエリア」を知らせるあの手、この手

せっかく、見送りに役立てるサインを作っても、知ってもらわなければ宝の持ち腐れになってしまう。自身もホームに降り立ちその存在を知ったのだが、もう一つ、駅構内のポスターに目が留まった。じつは現場でサインを作るのと同じくらい、利用促進に力を向けることも大事だと知った。

「改札を通るところから、ホームに『お見送りエリア』のあることを認識していただけるようポスターを作り貼っています。エレベーター付近やトイレの中にも貼っているのですよ」

2019年8月7日には、夏休みに、ドクターイエローが走る日を狙ってキャンペーンを実施した。お盆に差し掛かるころで子どもを含む利用客の多い時期である。

「表向きはお客様やお子様向けの夏のイベントですが、ホームに上がると『お見送りエリア』があるので、ドクターイエローが来ても、ここでお見送りしてくださいねと案内しました」

お客が情報を取ったり探したりする中で、広く知られるように手書きにこだわり、足跡まで描き、ポスターにはキャラクターを作って載せ、イベントも行い、さまざまな手を打っている。じ

っくり聞けば一つ一つにストーリーがある。

「いま振り返れば、みんな狙い通りにスムーズにいったと聞こえるかもしれませんが、結構紆余曲折もありつつ、一年くらい通しての『お見送りエリア』なのです」

駅全体に協力を得られる

プロジェクトのメンバーは、当時の駅運転の業務に携わる若手が中心で構成されていた。ホームに色を塗るというアイデアが「お見送りエリア」という形となって、「お見送りエリアまでお下がりください」と放送されるまでになった。

「受け入れてくれる方が多くて心強かったです。プロジェクトに関係されていない方の協力もあって駅全体で運用できたと思います」

どこかに壁が立ちはだかると想像したが、チームワークで乗り切ったことに拍手を送りたい。

加えて、基本的にメンテナンスがいらないというのも大きいと分析する。

「何年後かには、これを更新しなければならないということが出てきます。けれどもここで塗ったものに関しては、コーティングをしているので基本的には剥がれません。また、係員がもし『お見送りエリア』と言葉に出さなくてもサインそのものがある。手がかからないのがポイントです」

将来的に考えられるのはホームドアの設置だ。それも駅改修の予定を確認した上で進めている。もちろん設置も安全促進には良いとの意見だが、思い入れのある身には、つい「お見送りエリア」消滅の危機と捉えてしまう。

作ったはいいが、すぐに無くなってしまうのでは寂しい。できれば、定着してほしいと思う。目に馴染んで「そうだね」と暗黙のうちにエリアへ入る自然な動作へつながることを期待している。それには何年もかかるだろう。

伝えていきたい

コロナ禍をへて、お客の旅行状況も回復し、またこのようなサインが小倉駅にあることを知ってもらえる機会がめぐってきた。普段は、改札や窓口で接客する仕事をしている人たちが、駅の改善として、ホームにペンキでサインを描く。これは各自が思ってもみなかったことかもしれない。プロジェクトの期間は1年ほどだが、今度はこれを継承していくことも鍵になりそうだ。

異動したり、部門を離れたり、退職することもあるかもしれない。けれども、「お見送りエリア」を見るたびに、そう言えばこういうことやったなと思い出し、「お見送りエリアまでお下がりください」と放送しているのを聞く。形として残るものを作ったよさを、今度は繋いでいくことも大事だ。

本件は、JR西日本社内の業務研究

徐々にビジネスや旅行の需要が戻り、活気を帯びる小倉駅13番線ホーム。

発表会で、取り組みをまとめ発表する機会にも恵まれている。予選から全体の本社大会へ進み、「安全」というテーマでプレゼンした。そこでも手応えを感じている。

この先、効果のあることが浸透すれば、他の駅にも展開できる機会があるかもしれない。

何より、小倉駅の社員と駅を利用するお客が「お見送りエリア」という共通した新しい言葉を持ったことが大きいだろう。

もし、今度あらためて取り組んだ人たちの目線で見た時にどうか。きっと新しい発見があるかもしれない。これからも優しいサインとして、駅を一つにしていくだろう。

インタビュー協力：
西日本旅客鉄道株式会社
岩本美伊氏
（営業本部　九州営業部）
杉元明由美氏
（中国統括本部　小倉駅駅係員）
原　耕輔氏
（中国統括本部　駅業務部 福岡エリア）
入江隆志氏
（中国統括本部　小倉駅営業助役）
荻原将吾氏
（中国統括本部　経営企画部（広報））

その3

安さと最短距離で誘う

自由席を求めて

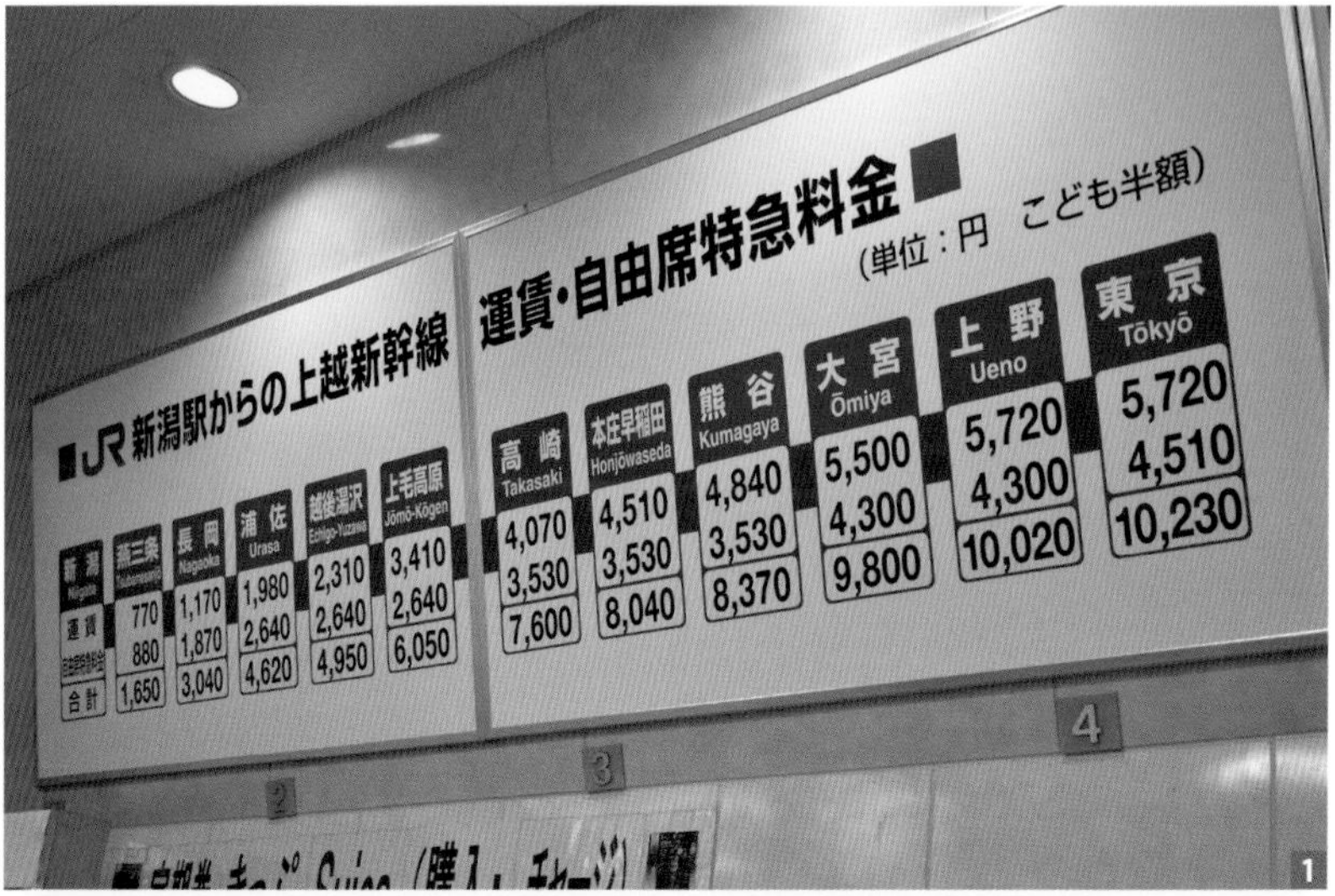

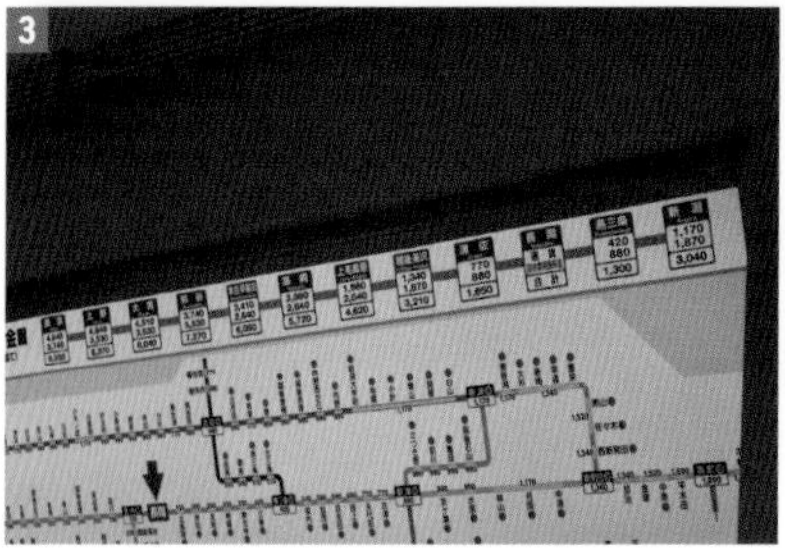

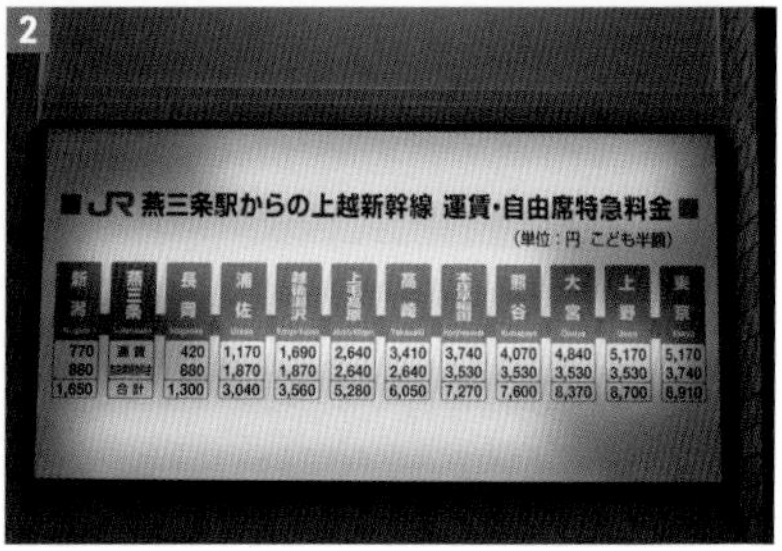

1 東京～新潟を結ぶ上越新幹線の運賃・自由席特急料金表。自駅は赤色で表示される。（新潟駅）**2** 新潟式に準拠して左側が新潟駅だ。（燕三条駅）**3** ここで新潟駅が右側表示に変わった。（長岡駅）

上越新幹線、各駅下車の旅

新幹線の新潟駅にあって、東京駅では見かけないものがある。きっぷうりばの上にある運賃・自由席特急料金表だ。自分の今いる駅から、降りる予定の駅まで、いくらかかるのかを示した表である。在来線の近距離きっぷ運賃表の新幹線版だ。赤く「当駅」と示した位置から延びる線をたどり、自分の降りたい駅を探して、書いてある料金を確認する。

その日は新潟駅から「週末パス」を使って、新幹線の自由席に座り東京駅へ向かうつもりだった。それで、目に留まったのが料金表である。みどりの窓口で尋ねたり、時刻表を調べたり、スマートフォンで検索したりする前に、一枚の掲示板で料金が分かる。普段、在来線で見慣れているものが、新幹線だと珍しく映る。「これは隣の駅にもあるのだろうか？」と気になった。

4 隣駅も長岡式を踏襲する。(浦佐駅) 5 このまま新潟駅の右側表示を保って推移するのか。(越後湯沢駅) 6 赤い自駅の表示はないが料金表を掲げる。(ガーラ湯沢駅)

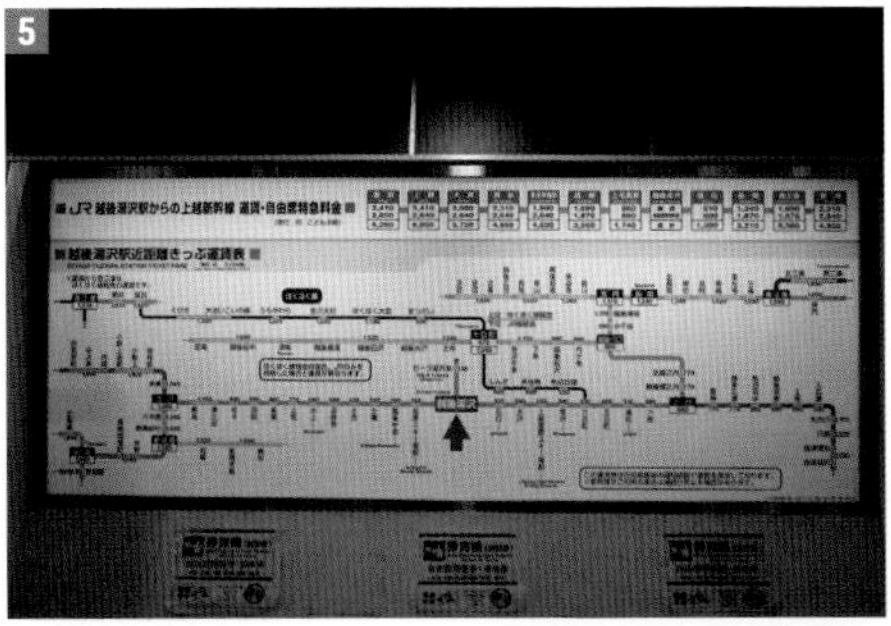

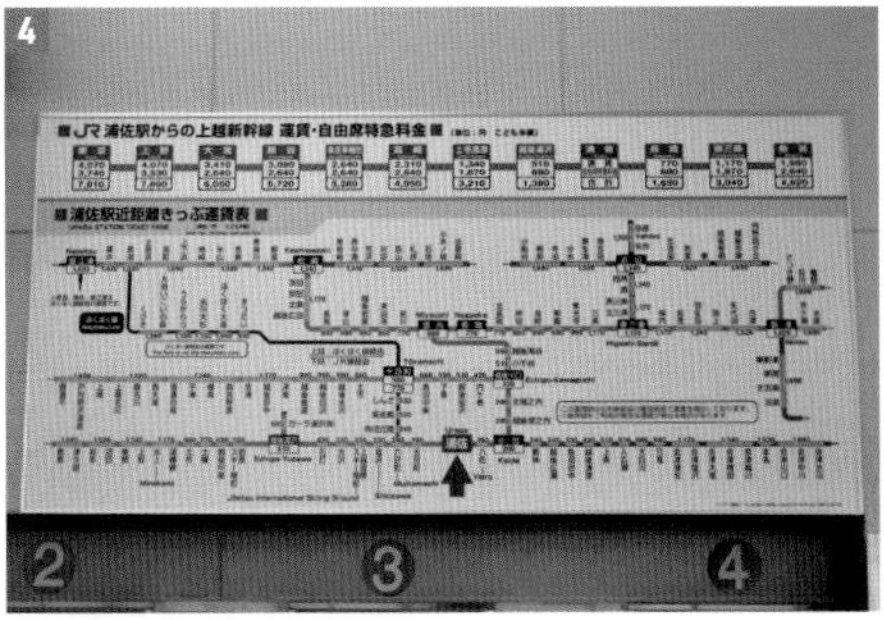

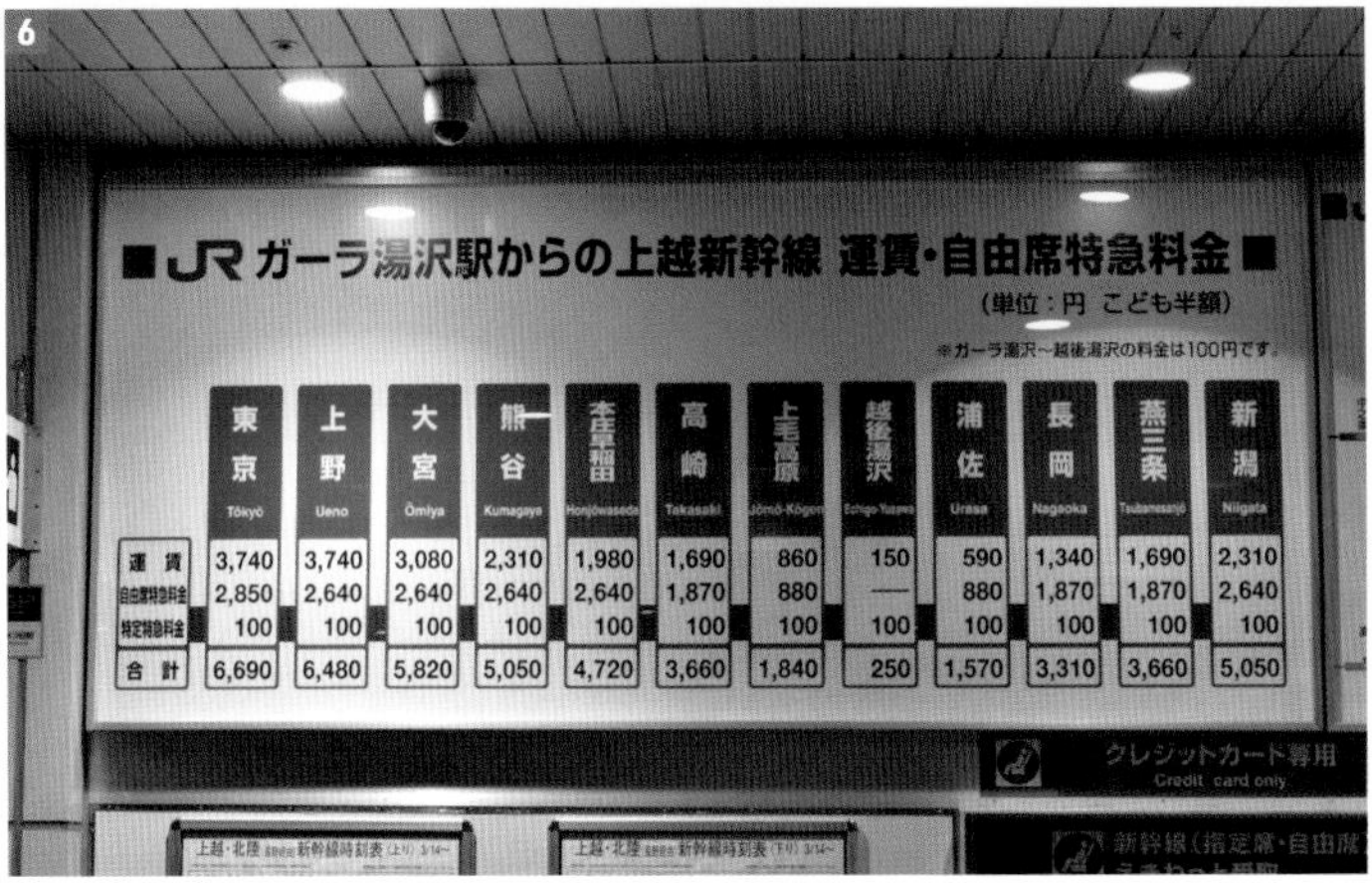

週末パスは、フリーエリア内であれば、新幹線の運賃のみ有効だ。あとは自由席特急券を購入し、乗り降りが自由にできる。さっそく東京方面に向かって、順番に駅を降りていくことにした。

新潟を右に書くか、左に書くか

最初の燕三条駅で、期待した料金表を見ることができた。左端に起点となる新潟を示し、左から右へ「当駅」の赤い枡目が一つ進んだ。表示器は、運賃表では珍しくなりつつある蛍光灯を裏側に仕込んだ内照式だ。表示板のサイズに合わせて、蛍光灯を互い違いに配置しているのが照明の具合で見て取れる。

次の長岡駅に降りると一つの変化が起きた。これまで、新潟、燕三条と、左から右へ向かって表示していた位置が逆になった。新潟は東京の書いてあった右端に移り、右から左へ順番に表示

7 柱からホーム床面にかけて自由席の矢印が途切れない。(浦佐駅) 8 階段を上がり、ホームで次の進路に迷うとき、浦佐駅で床の大きな「自由席」にヒントをもらった。

するようになった。燕三条と長岡の間は表示方向の分水嶺なのか。この後に控える駅がどう表示されるのか興味が湧いた。

次の浦佐駅では、長岡方式に軍配が上がった。新潟を右端に記し、東京を左端に表示する。自身が出発地を新潟に据えたことで、起点が逆になったと感じたが、実際に路線全体を眺めると、東京を左に置く方が多い可能性もある。

果たして、燕三条と長岡の間は境目と言えるかどうか。表示板一つのことだが、自由席をもとめて特急券を買うなかで、浮かんできた境界線である。

矢印で最短距離をとれ

乗り降りしていると、次第に、編成の端の方へ連結される自由席の位置も気に留めるようになる。取り分け停車の少ない駅は、一度逃すと1時間近く待たなければならない。積雪の多い区間では、ホームや待合室で寒さをしの

9 自由席の最短ルートをたどる。（上毛高原駅）10 自動券売機への手厚い誘導もターミナル駅ならでは。（高崎駅）

ぐのに難儀する場合もある。少しでも時間を節約し、最短距離をとって車両へたどり着きたい。

　それは誰しも考えることのようで、浦佐駅では、階段を上り切ったところに、大きく手書きで自由席の文字が、床の幅いっぱいに記してあった。さらに、ホームの柱にも、赤い丸の矢印が、号車番号を伴って自由席の方向を指していた。階段付近は、いずれも左右のどちらへ向かうか判断の分かれる場所である。

　さらに、越後湯沢駅やガーラ湯沢駅では、「列車編成のご案内」も役に立った。現在位置からどの階段を上れば自由席に近いのか、列車種別や編成の両数を見ながらルートを決める。少しでも無駄なく移動しながら、東京へ一つずつ左にコマを進める「当駅」の印を見て行った。

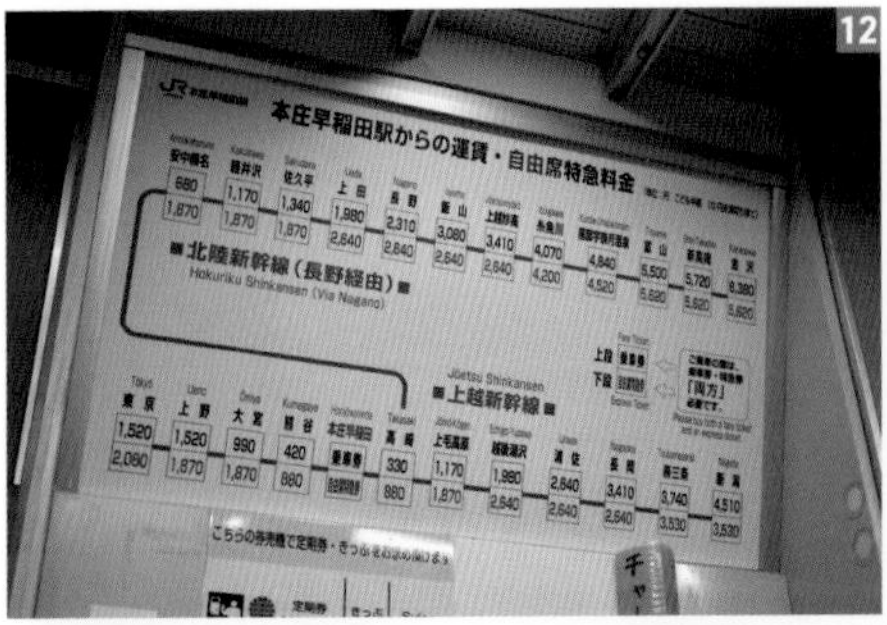

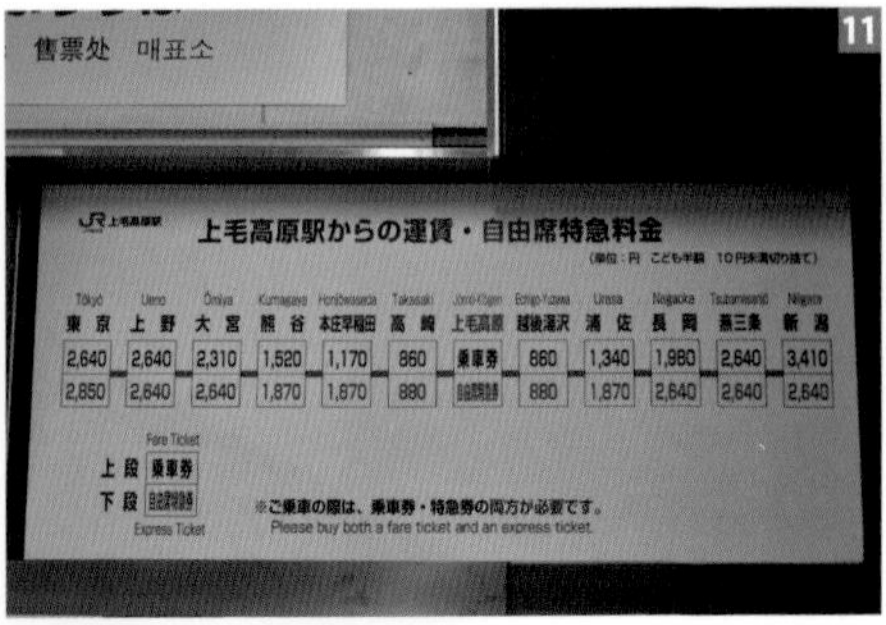

11 300km以上の距離がある東京〜新潟間も、料金を軸にコンパクトに表示する。（上毛高原駅） 12 料金表には高崎から金沢方面の北陸新幹線も載せる（本庄早稲田駅） 13 上越新幹線では東京〜上毛高原・長岡〜新潟間で使えるFREX・FREXパル定期券。区間内の自由席を利用できる。（長岡駅）

自由席の点と線

しかし、上毛高原駅まで伸ばした料金表の記録は、高崎駅でいったん途絶えてしまう。上越、長野、北陸と、どの新幹線に乗り、どこへ行って帰るのか。複数ある自動券売機や、みどりの窓口のカウンター、改札口付近の駅係員と、多岐にわたり要望に応える環境が整っている。改札周りの手厚さは、東京へ近づくにつれ増していった。

そのような中、望みをかけて本庄早稲田駅へ降りると、自動券売機の上に料金表が掲げてあった。これまで見てきた路線に加え、北陸新幹線も載せてある。

以降、熊谷、大宮、上野と見つけることはできなかった。上野駅では、中央改札口に猪熊弦一郎作の壁画《自由》を見て、終点の東京駅に降りた。新幹線運賃・特急料金表の掲示は本庄早稲田までと分かった。そして、新潟と燕

14

15

16

14 惜しまれつつ2020年で引退した現美新幹線。「走る美術館」と呼ばれた外板に「とき」の愛称と自由席のデジタル表示。(新潟駅) 15 乗車しても油断せずドア上で自由席、ヨシ!(熊谷駅から乗車時) 16 駅から車両へ、そしてきっぷへと自由席の動線が続いている。(大宮駅通過時)

三条は「新潟」を左端に、長岡から本庄早稲田間は「東京」を左端に据えると結論が出た。

自由席を求めて、料金表とともに、編成案内、矢印、乗車位置案内、発車標、車両の入口にある表示、そして手にしたきっぷまで、幾重にもわたり「自由席」を見てきた。じつは目的の席につくには、それらの点が連続して目に見えない線となり、はじめてたどり着けると知った。

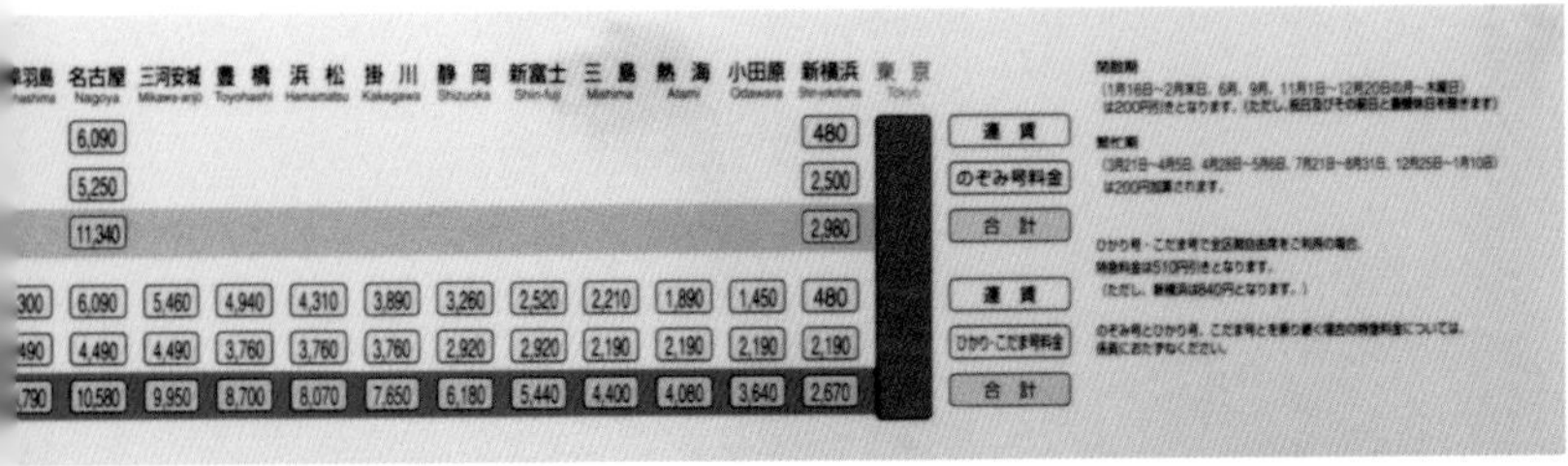

東海道・山陽新幹線指定席特急料金と運賃料金表。（鉄道博物館所蔵）

一枚の料金表から

収蔵品の年代を特定

一枚のアクリル板がある。帯のように長い。縦44cm×横364cm。東海道・山陽新幹線の指定席特急料金と運賃が記されている。

起点は東京駅で、右端のマス目が赤く塗られている。一駅すすむと左側にマス目がうつる。そうして双六のように一マスごとに左へずれると、33マス目で終点の博多駅に到着する。東京～博多間は営業キロが1174・9km、所要時間はのぞみに乗車すると5時間ほどである。それが一枚にぎゅっと収まっている。駅に掲げてあるときには気づかないが、取り外して目の前に横たわる掲示板を眺めると、その大きさに驚く。

この料金表も、ほかの掲示類と同じように、情報が変わると、取り外して新しいものに付け替える。その更新のなかで、偶然に博物館へ持ち込まれ、永らえることになった。

はたして、東京駅で利用客の目に触れていた時期はいつごろなのか。『JTB時刻表』を傍らに置き、気になるところを拾いながら絞り込んでみよう。

①「のぞみ」の記載が博多まである。
※1993（平成5）年3月18日、「のぞみ」が山陽新幹線に乗り入れを開始する

②新横浜の運賃が480円である。
※消費税5％引き上げにともない、1997（平成9）年4月1日にJR運賃・料金改定を行う
※例：新横浜駅　470円→480円に変更

③厚狭（あさ）の記載がある。
※1999（平成11）年3月13日、厚狭駅が山陽新幹線の停車駅となる

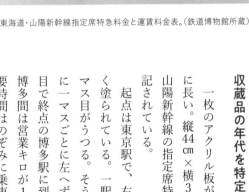

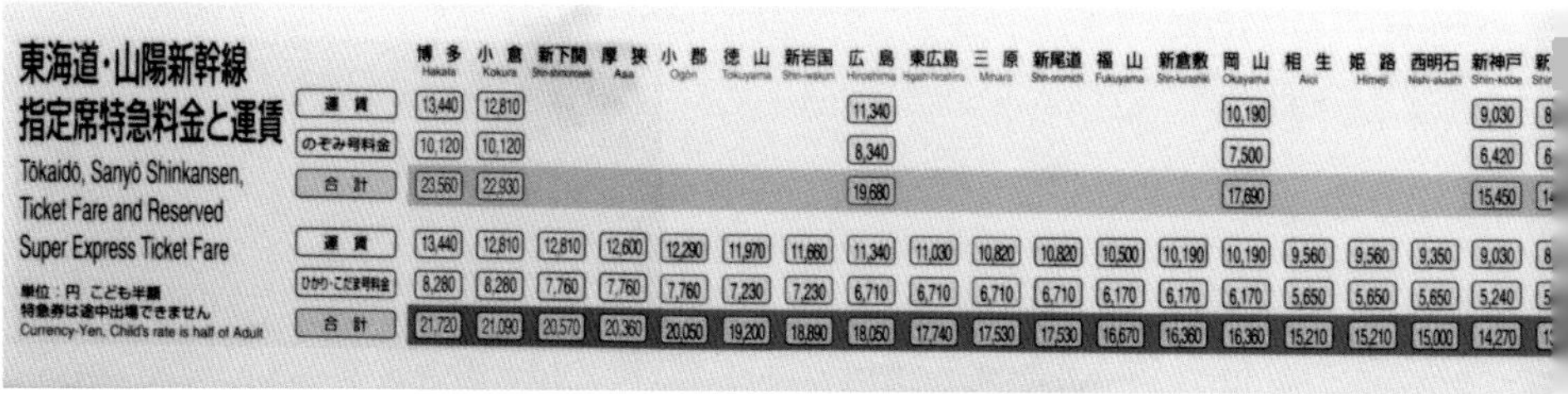

④小郡（おごおり）の記載がある。
※２００３年（平成15）年10月1日、小郡駅が現在の新山口駅に改称する
⑤品川の記載がない。
※２００３（平成15）年10月1日、東海道新幹線品川駅が開業する

右の5点をポイントにすると、１９９９年3月13日〜２００３年9月30日までの表示内容と割り出すことができる。

裏面から光を当て確かめる

さらに板面を丹念に見ていくと、料金の数字を記載する枠内に、金額を印刷した粘着シールが貼ってあった。これが新横浜から小郡にわたっている。加えて、厚狭以降は料金をまるごと版に起こして追加で刷ったようだ。なぜなら、厚狭から左側の記載事項は、乳白色の板面より一段黄みの濃いシートに覆われているからである。

なぜそのようなことをしたのか。そこで裏面から光を当ててみると、古い料金の上から新しい料金を貼ったような形跡はない。同じように、厚狭以降の黄みの濃いシート面の下にも、古い記載事項が残っていないか確かめた。こちらも裏から光を当て透かしたが、古い記載事項の上から重ねた痕跡は見られない。

このことから、厚狭駅開業にあわせて継ぎ足して印刷し、掲出した可能性も見えてきた。

おそらく、改定があったときに備えて料金を空欄にし、新たな駅が開業するタイミングに、追加で版を足して掲げたものではないだろうか。

ルーツは国鉄時代にあり

新幹線の料金表は、在来線の地図式にくらべて、定規のようなすっきりした構成だが、さかのぼって国鉄の頃はどのような様式だったのだろうか。

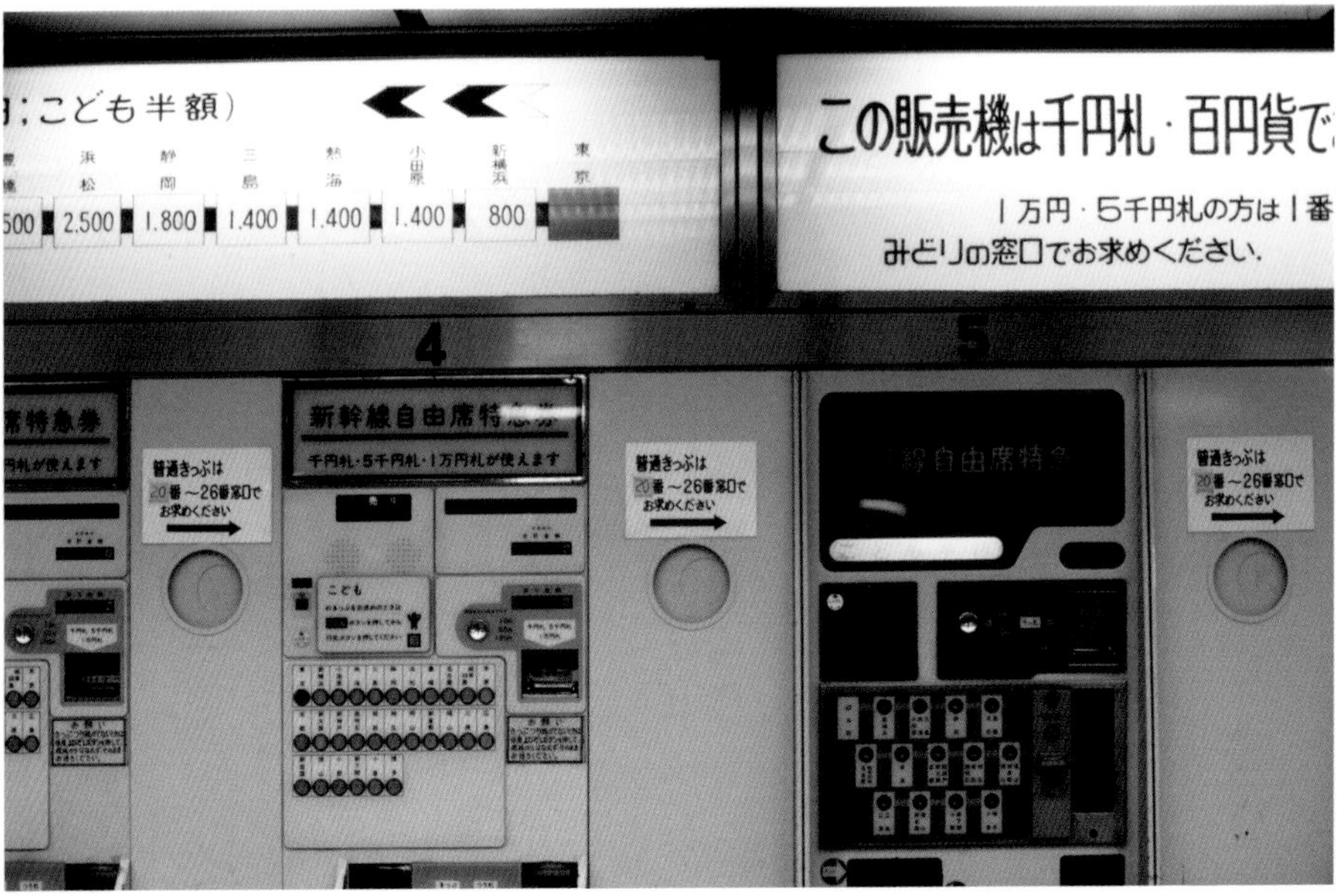
こども半額)
浜松 静岡 三島 熱海 小田原 新横浜 東京
2,500 1,800 1,400 1,400 1,400 800
この販売機は千円札・百円貨で
1万円・5千円札の方は1番
みどりの窓口でお求めください.
4
5
千円札・5千円札・1万円札が使えます
普通きっぷは
20番～26番窓口で
お求めください

1983年。昭和58年の東京駅。東海道・山陽新幹線自由席特急券の券売機。(鉄道博物館所蔵)

それが分かる2枚の写真がある。1983年に東京で撮影された「東海道・山陽新幹線自由席特急券の券売機」と「東海道・山陽新幹線指定席特急料金・グリーン料金の料金表及び窓口」である。

新幹線の線路表示である矢羽根の縞模様の帯が板面の上部を飾る。この形状は、国鉄監修交通公社の時刻表にも地図索引のなかで用いる。その下には太い黒線を横軸にして、駅の料金を記した枠が東から西へ等間隔に並んでいる。その上に駅名を縦書きにしるす。当駅である東京のマス目は右端に配置して、黒色や青色のダークカラーに一点の赤色を添える。

また、大きさも写真を見ればおおよその見当がつく。指定席とグリーン料金表は有人窓口2つ分、自由席特急券のほうは自動券売機4台半分の幅を取って掲げていた。

新幹線の料金表は、写真を見るかぎ

1983年。昭和58年の東京駅。東海道・山陽新幹線指定席特急料金・グリーン料金 料金表及び窓口。（鉄道博物館所蔵）

り、国鉄時代の掲示様式を現在もおおむね踏襲している。そこで気になるのが、今再びの東京駅を右に書くか、左書くかである。

東京をどっちに書くか

じつは、写真の掲示の根拠となる1982年現行の鉄道掲示基準規程によると、「駅名の配列は、原則として左方を東京方とする。ただし、掲出する場所により、方向を考慮し、この逆とすることができる」とある。また、線路表示の矢羽根の向きは適宜とする。これを基に写真を見ると、駅名の配列は右方が東京だが、矢羽根の向きも進行方向に合わせて表示したことが分かる。

国鉄時代、規程のうえでは、東京駅を左方へ書くのを原則とした。けれども当時の写真では右方に書いている。これも臨機応変だが、さらに例を集めると、何か傾向が掴めるかもしれない。

その
4
待ち時間さえ楽しい

位置について

1

2

1 ドアの停車位置が分かりやすいホームドア。側面の案内シートで誤乗車も防ぐ。（新神戸駅）2 乗車列と位置を2本の白線でシンプルに示した従来のサイン。（豊橋駅）

脚下の失敗

乗車口で苦い経験をしたことはないだろうか。

ここに違いないと思って立った場所から、離れたところに列車が停まり、乗り込む位置がずれてしまった。当てが外れて、赤面しながらドアの前に移動する。恥ずかしい思いをしたのは2度や3度ではない。しかも、整列乗車のマナーがあるから、後ろへ並んだ人たちまで巻き込んでしまう。

失敗が重なると徐々に自信がなくなり、今度は人の背中を頼るようになる。後ろに並んでいると、時々先頭の人が間違えて、一緒にドアの前へ向かうことがあった。とても責められたものではないが、内心がっかりする気持ちに変わりはない。やはり自信を持ってここだという所に立ちたいと思う。

サインの方でも、見逃されるのを分かっているのか、いろいろな方法でこ

3 案内シートがずらり。ストレートな「3」の表示は200系だけのころの名残だ。（大宮駅）

ちらを誘う。

　2020年の大宮駅の新幹線ホームでは、一つの乗車口に6種類もの床面サインが並んでいた。これらはすべて、到着した列車に乗り込むドアの位置を示した「乗車口案内シート」である。E4系、E7系、E2系、E5系（シンボルマークと併用）と、イラストがずらりと揃い、じつに華やかだ。

足元に新幹線がいっぱい

　中でも、オール2階建て新幹線電車〝MAX〟のE4系と、1997年3月から活躍するE2系が描かれたのは貴重である。ともに新車両への置き換えが進んでおり、現車両はもちろんのこと（E4系は2021年10月1日定期運行終了）、床面サインとして見られるのもあと数年だろう。列車を待つ間も眺めて楽しめる要素であり、じつに心憎い仕掛けである。

　さらなる工夫はシートの地色である。

4 色の名前を標示し、右中ほどには形式まで記載する念の入れよう。（大宮駅）5 E5系は併結と単独で黒・緑と色を変えている。

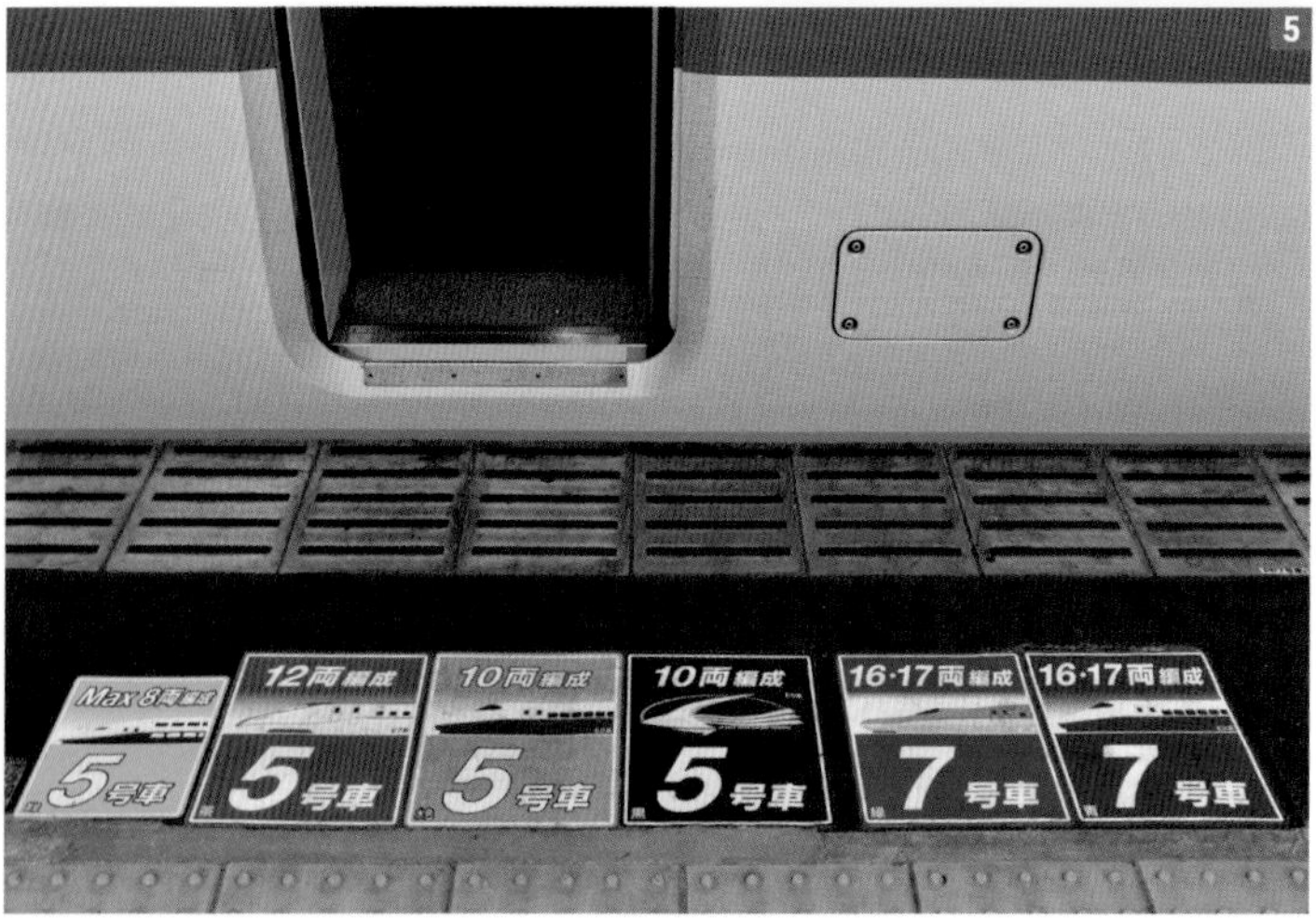

できるだけ車体の塗色に近いカラーを選び、枠の左下に色の名前を記している。果たして、どれくらいの色数を使うのか。13・14番線の上りホームで探した。すると、黄・黄緑・緑・水色・青・黒・茶・赤・桃・橙の10色が見つかった。

まさに、ここは東北・山形・秋田・北海道・上越・北陸（長野経由）の新幹線が必ず停車し、上野・東京方面へと向かう一大合流地点である。そのことを端的に示す色数だ。加えて、同じ形式でも編成ごとに区別するという複雑さがあり、そのため必然的に色数も増える。が、わざわざ色の名前まで記すのはなぜなのか。そこにはさらなる理由があった。

アナウンスに耳をすませば

ＪＲ東日本によると、列車の乗車口シートに色の名前を付けて案内したのは、色を識別しづらい人もいるため、色

❻ 一本線の「1」は国鉄時代の標記文字の特徴だ。新旧の書体が揃って案内する。（大宮駅）❼ 号車番号・編成・愛称名・カラーで標示した一世代前の乗車口案内シート。（大宮駅）❽ 矢印の乗車位置標。沿線には東北新幹線開業当時の目印がまだ見つかる。

の名前をあえて表記し、分かりやすくしたそうだ。

このことは、ホームで耳を澄ますと、列車の到着を知らせる駅員のアナウンスにも生きていることに気づく。

「今度の13番線の到着の列車は、14時27分発、はくたか562号、東京行きです」

「お足元、茶色の12両編成、乗車口でお待ちください」

つまり、乗車口のシートの色を放送でも案内していた。色・文字・音声の情報が補い合い、あの手この手で私たちを支える。一つ見逃しても、次の手段で位置につくことができる配慮がなされているのだ。

かつては、シンプルに1、2、3と、数字のみで乗車口を示したことも、ホームを見て行くうちに分かった。国鉄時代に使った標記文字の形と同じ数字が、色とりどりの乗車口案内シートに挟まれ、ホームに点々と残っていた。開

9 ホームに従来の愛称が薄っすらと残る。(高崎駅) 10 電光掲示の登場で乗車口の迷いが格段に減った。(高崎駅)

業当初、この数字の前には、緑色の帯をまとった200系新幹線電車のドアが開いたのである。

自信を持って、ヨーイ、ドン

その時と比べれば、現在のシートには多くの情報が盛り込まれている。きっとこの間にも、さまざまな取り組みがあったはずだ。その一端を示すものが、高崎駅のホーム床面にかすかに残る。列車の愛称「あさひ」と「とき」だ。

2002年12月、上越新幹線「あさひ」は「とき」に改称された。当時の長野新幹線「あさま」と混同され、誤乗車が後を絶たなかったからである。その転換期を物語る貴重な痕跡なのだが、そのうえ列車の乗車口を示す際、愛称を使用したことも同時に教えてくれる。

以上を含め、これまでの特徴を進化させた形とでもいうべきか、東京駅の

11 乗車列を示した床面サインはもはやパズルの様相。(東京駅)

22・23番線ホーム上野方に、帯状の乗車口案内シートが登場している。列車の愛称に加え、先頭の立つ位置を靴跡のマークで示し、先発と後発を色分けのうえ、整列乗車を帯状のラインで促すという機能を盛り込んだ床面サインだ。

近年では、ホーム上家から吊り下げた電光掲示板の乗車口案内標や、ホームドアの設置駅も増え、ドアの位置も直感的に分かるようになってきた。靴底の擦れにも影響されず、きれいで見やすい。けれども、今から乗り込もうとスタートラインに立った時、どうしてもつま先を見てしまう。ここで大丈夫と思える目印が、確かに一つあって欲しい。

現場の声

足元で主張する乗車口案内シート（株式会社保安サプライ）

ホームにみる乗車口案内の豊かな表情

大宮駅の新幹線ホームで、上り13番線・14番線の新幹線発車時刻表を見て驚いた、朝の8時台には15本の新幹線がやってくる。新幹線の愛称を書いた種別には、あさま、なすの、かがやき、やまびこ、たにがわ、とき、はやぶさ、つばさ、はくたかと、連結車両も含めて、これだけの種類の列車が各方面から到着する。そして、ここから上野、東京へとラストスパートの旅路を急ぐ。

入線する列車に合わせて、ホームの床面に貼った乗車位置を知らせる案内標示もバラエティーに富む。各新幹線車両をかたどったイラスト入りシートは、ホームの見どころの一つだ。見送る車両とあわせて観察したい。

この乗車口案内シートを作っているのは、株式会社保安サプライである。鉄道愛好家の間では、鉄道標識の老舗として知られるメーカーだ。

１９８８年の創立時、鉄道諸標でいわゆる車止め標識等を製作した。踏切の安全対策標示など事業展開を少しずつ広げ、やがてホームにも携わるようになった。

昔は、ホームにペンキで直接、○○号と名前や番号を書いていた。それが、段々と印刷技術が上がり、２００５年ごろからホーム床面の「貼りもの」が飛躍的に増えていった。印刷のインクも高性能になり、今ではインクジェットが主流だ。これがシートの需要と重なり、乗車口案内のカラフルな表現を形成するに至る。

そんな矢先、東北新幹線の『はやぶさ』のマークをシートに標示したいとの要望があった。

最初は文字だけだった

新幹線ホームに貼る乗車口案内シートを保安サプライでは乗車位置標と呼ぶ。これに新幹線のイラストを載せるアイデアはどのように生まれたのだろうか。

「ＪＲ東日本の大宮支社管内で新幹線

が停まる駅は、大宮、小山、宇都宮、那須塩原の4駅です。当時はこうしたイラストではなく、文字だけの貼りものでした。例えば、『はやぶさ』と書いて、車両の号車番号の数字だけを記します。けれども、いろいろな愛称や編成があるものですから、だんだんとお客様も分かりづらくなっていたかと思うのです。それで新幹線の車両をイラストにして、一目で分かるようなものができればと、こういった乗車位置標を作り始めました」

イラスト入りの要望

「最初に作ったのが、東北新幹線に『はやぶさ』が登場したときです。E5系の車両が走るということが、当時はエポックメーキングなことでした。そこで、新しい新幹線に描かれたシンボルマークを使って乗車位置標を作ってほしいと、盛岡支社から製作の要望が来ました。さらに、E6系の『こまち』がデビューする時には、先行していた『はやぶさ』の乗車位置標を見て、秋田支社から新幹線のイラストを入れたものにしたいと話がありました。これが、現在のベースになるイラスト入りシートの元になります。そこから東北を南下するように、ちょっとずつ依頼が増えていきました。その積み重ねがあったので、大宮駅へ至るころには、必要なイラストの半分以上が出来上がっていました。ここまで増えたのは、絵が入っていると分かりやすい、乗る人たちも喜んでくれるといった声に後押しされたからだと思います」

色の名前も入れて欲しい

「その途中で、シート地に黒や赤といった色の名前を入れることになるのですが、これはJRさんから、色覚障害の人たちにも分かるように記載してほしいとの話からでした。そこで、こちらの考えたレイアウトでシートの左下に赤、橙、桃と漢字で色の名前を入れるようにしたのです」

色の名前を付けたのはいつ？

乗車位置標のシートに、赤や黒などといった色の名前を文字で載せたのは、JR東日本のアイデアだった。

「仙台駅あたりを着手したときだったと思いますが、色の名前を入れるように指示が入りました。このときにはシートの種類も増えてきていたので、対応策として出た発想だと思います」

それ以降、シートに色の名前を入れることが定着していく。

「盛岡で黒いシートにシンボルマークを入れたのが最初ですが、この時は色の名前を入れていません。仙台駅辺りのときに何種類かイラスト入りを作って、その時に色の名前を入れてくれと言われた記憶があります」

プリンターで乗車位置標を出力する。インクは品質保証されたものを使用し掲出時の色持ちに配慮する。ダイヤ改正を睨んで作業するため、最盛期は1月〜2月頃となる。※撮影地：株式会社保安サプライ佐沼工場

イラスト入りの乗車位置標を手掛けたのは、E5系「はやぶさ」がデビューした時だった。ハヤブサをイメージしたロゴマークにシックな黒を組み合わせる。（図面提供：株式会社保安サプライ）

色の名前の選択肢

大宮駅の新幹線ホームに貼るころには、さらにシートの種類も増えるため、だんだんと色の選択肢も狭まってくる。大宮駅は北へ向かう新幹線が各方面へ分岐する要の駅だ。依頼する方も、図面を作る方も色の点で一番苦労している。紫や緑といった指定の中から、新幹線のカラーリングに合わせた馴染む色合いで、他と被らず区別しやすい色を吟味して提案していった。

整備新幹線の開業するタイミングと重なった

イラスト入りのシートを制作する発端となった時期をたどると、もう一つの事実が見えてくる。

「E5系『はやぶさ』のデビューが2011年3月5日ですから、ちょうどこのタイミングです」

ここでロゴマーク入りの黒い乗車位

出力したシートは色の定着を待ってから、厳密な色校正を経て、床面用のラミネートへゴムローラーで均等に圧力をかけ、圧着していく。

圧着を終えたシートは表面が触り心地のよいザラザラ感だ。滑り防止用の加工がされた厚みのある最上級のラミネート材を用いる。

置標ができた。

今は当たり前のように走っているが、このときは、まだ1本しか走っていなかった。したがって珍しく、注目の的だった。その後、2013年3月16日に、E6系『こまち』の新しい車両がデビューした。2014年になると『はやぶさ』『こまち』の本数がだんだんと増えていく。こうした中、いわゆる今の北陸新幹線、E7系が登場する。2015年3月に北陸新幹線が開業して『かがやき』『はくたか』が仲間入りした。その翌年には、北海道新幹線が開業する。とにかくぞくぞくと、整備新幹線が開業するタイミングだったのである。

こうして新しい車両の列車本数が増えていき、お客に対して親切な案内が必要になった。とくに大宮駅は最大の分岐駅であるため、同じ下りホームでも列車が違えば、東北、北海道、上越、北陸、秋田、山形と、それぞれ行先の違うほうへと向かう。誤乗車すると大きな時間のロスになる。それを避けるためシートの重要度も増していた。

車両デザインをシートに落とし込む

ただ、実際に車両デザインをシートに落とし込む動きが加速したのは、仙台駅あたりからだ。

「北寄りの駅に貼ってあるのを見て、『E2系「つばさ」等もイラストを入れられないかな』という感じで打診がありました。2015年〜2017年ごろは、まだ古い車両も含め、一番車両の種類が多い時期でした。2階建ての新幹線も走っていましたよね。そういった意味で種類も豊富、加えて扉の位置も違うので、こうしたサインが求められたと思います」

全部で何種類作った？

そうすると、全部でどれくらいの種類を作ったのだろう。

「これは大宮支社に限っての話ですが、2013年の時点では9種類です。2014年には編成ごとに用意したものも含めると、6枚が加わり15種類まで増えました」

各駅によって微妙な違いもあるということだろうか。

「そうです。どうしても、途中の駅には停まらない列車もあるので、同じデザインでも、10両、16両、17両と表記しているものもあれば、16・17だけというものもあります。駅に見合った標示を作り対応しています」

車両のデザインを再現

では、車両のイラストデザインの再現はどのくらいこだわっているのか。パッと見て分かるように省略を効かせるなどしているのだろうか。

「プレス資料やインターネットの画像、本などを見て形を取り整えています。あまり細かくは作り込まないですね。シートにすると小さくなりますし、なるべくベタではないですが、ピクトグラムのように、色数が減れば減るほど分かりやすくなるという考え方でデザインしています。グラデーションなどはソフトを使えばいくらでもつけられますが、やりすぎるとそこだけリアリティがなくなってしまう。だから少し抑えています。あと、先頭車両のノーズは、実際にはものすごく長いですよね。そのままを再現すると、乗車位置標からはみ出してしまう。ただ、寸詰まりになってもイメージが変わってしまうので、バランスを探りながら調整をかけて、そのものに見えるように描いています」

シート素材でどう映るか

乗車位置標は、最終的にシートにラミネート加工してホームに貼る。こうした貼りものは、どれくらい日光や風雨などの気候条件に耐えられるか。また、どんな滑りづらい素材を選ぶかが大事になる。

ただし、滑り抵抗値の高いものとなると、シートがやや白濁して透明度が少し下がる。パソコンの画面で標示をレイアウトした時より、製品上は微妙にマットで沈んだ感じになるが、それも計算に入れて、なるべく本来の色味に近づけるように調整している。

シートの寸法

大宮駅では、一つのドアの前に乗車位置標のシートが6枚も貼ってあることがある。寸法が大きければ端へ行くほど、ドアから遠くなってしまうが、ドアの幅へ程よく収まるサイズは、どのように決められているのか。

「たまにイレギュラーな注文もありますが、定型のサイズが決まっています。特急列車の乗車位置標は、主に縦400ミリ、横300ミリほどで、縦長タイプです。車両の扉のサイズが細いので、通勤電車のようにそこまでの大きさは必要ないわけです」

どれくらいもつのか?

シートは貼ってからどれくらい持つものなのだろうか。

「シート自体がホームの上に貼っているものなので、通行量が多ければそこだけ削れていってしまいます。特に階段の近くでは、1年もたつと削れて見えなくなっているところもあります。新幹線の乗車位置標の場合、そこまで人が頻繁に通行する場所ではないので、痛みもそれほど激しくない。逆に、乗り換え通路にシートを貼ると、結構汚れたり削れたりしますね」

雪と貼りもの

ひとつ不思議に思っていたのが、北海道ではホーム上にワイヤーを張って、列車の乗車位置を示した案内札を吊り下げていることだ。床を見ると、貼りものが少ないようにも思う。

「融雪剤の塩化カルシウムを撒くことがあり、雪国はシートを貼る条件としてはつらいところもあります。駅員さんが雪かき機で床面を除雪する等、いろいろな外的要素もあり、降雪の多い地域で乗車位置標が減る要素の一つです。貼りものにはそうした弱点もあるのですね」

大宮駅のように屋根で覆ったホームには、そこまでの外的要素はない。

民営化と車両の多様化

例えば、イラスト入りの乗車位置標を入れる前は、大宮駅ではどんなシートが貼ってあったのだろうか。

「その前はどちらかというと、数字と文字で標示していました。イラスト入りが出だしてからは一貫してこちらを使っています。逆に言うと、昔の新幹線は200系だけでしたから、1、2

同じE7系でも、先頭車両を迫りくる正面から捉えた構図。高崎支社エリアで見られる珍しいデザインだ。

E7系を側面からみた構図。シートの定型となるデザインだ。グランクラスマークが入り人気も高い。

と番号だけ振った標示がされていました。民営化で新幹線の車種が増えたことが、案内を増やすきっかけになった。そこで案内サインが大きく飛躍したというのはあると思います」

民営化とサインの多様化は同時だったということである。

JR東日本のカラーを映す

つまり、JR東日本のカラーそのものが乗車位置標に反映している。それによってバラエティー豊かなシートが複雑多岐にわたっているということだろう。

「支社によっても特色があります。例えば、上越新幹線用のE7系の乗車位置標は、大宮支社では他のシートと同じように横向きの新幹線ですが、高崎支社は正面を向くデザインです。依頼を受けて、弊社のデザイン部門が提案したものが、熊谷、本庄早稲田、高崎、安中榛名で使われています」

枚数が多い時にはカッティングマシーンを使うが、少量の時は手作業で厚みのあるシートを文鎮で押さえ手早く切る。

四隅に4種類の丸みがついた定規から、半径10㎜のアールを選んでシートの角にあて、丸みに沿ってカットする。

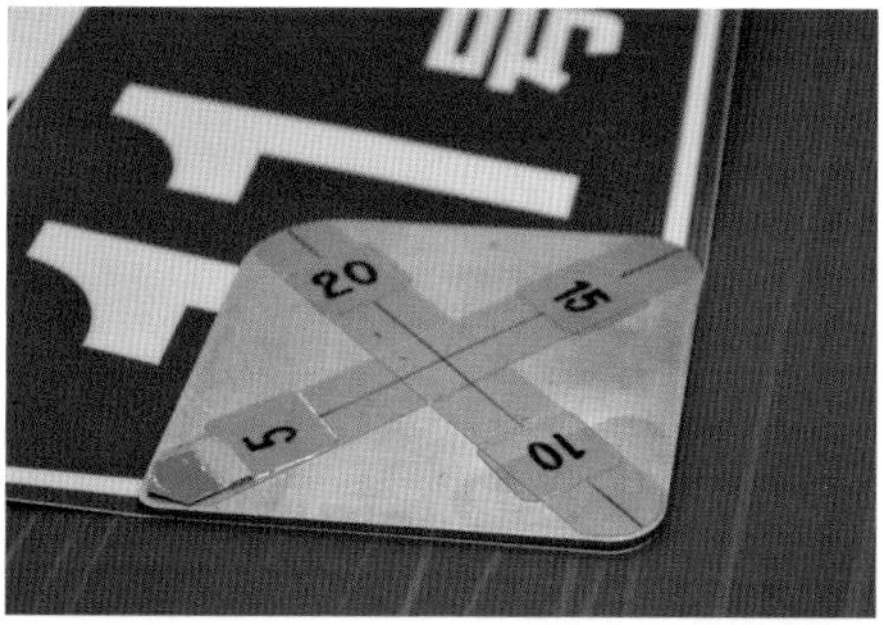

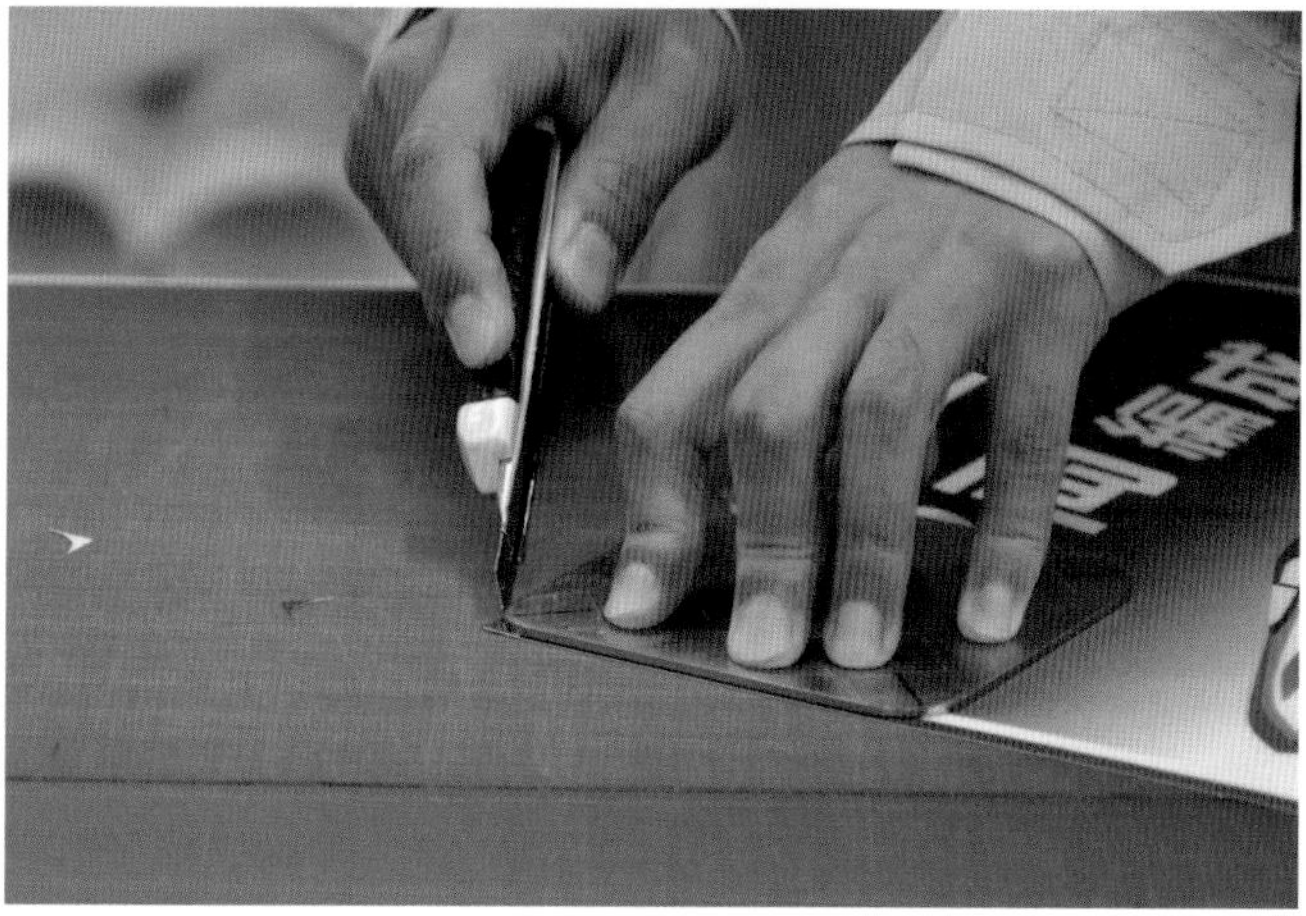
元々、検品用の検査器具だったのをカットに転用したもの。間違いのない角度で切れる、現場のアイデアが生んだ道具だ。

オーダーによってデザインを少しずつ変えることもある。これを知ると、駅ごとの若干の違いを楽しむきっかけになりそうだ。

情報量とシンプルさ

その一方で、編成・号車番号・座席クラス・新幹線のイラスト・系統名・色の名前と、シートに占める情報量が多い。これは見やすさにも関わってくると思うが、よりシンプルに舵を切る方向はあるのか。

「まずインバウンド対応がありますよね。イメージとして情報量は増えていく方向だと思います。レイアウトしている側からすると、バランスを取るよりも、どうやって詰め込むかみたいな局面もあります」

ただでさえ、大宮駅は貼りものが多く、情報量も多種多様のなかで、情報を読み取る側のハードルも高い。デザインでどうやって改善していけるものなのだろう。

「その意味では、本当に必要なものだけ残していって、どこまで削り落としていけるかが鍵だと思います。インバウンド対応に関しても、よく言われるのは、和文と英文が書いてあれば、中国の人は漢字を見てある程度の予測がつくし、韓国の人は英語を読み取ってもらえる面も期待できる。それでも中国語と韓国語を入れるのは、『ようこそいらっしゃいました』というホスピタリティの範囲と考えることもできます。京都の観光案内サインでは、整備によって四つの言語で地図が見えないくらい埋まっていたのを、表示する情報量をコントロールし、日本語と英語の2か国語表記を原則とした例もあります。こうした動きは一つの参考になると思います」

標示の未来

公共性が言われ、誰にでも分かりやすいサインが求められるが、対象者に合わせてどこまでサインの情報量を調節できるか。これも、分かりやすさへ続くヒントだ。

「標示もおそらくシンプルにしていく流れがある一方で、どうしてもシステムに頼ることによる障害もあると思います。よって、それが必要最低限なのか、いろんな人の要求を満たすものなのか、というのは今後の課題だと思います」

むしろそれは、共存していくものではないかと考える。本に関しても、紙媒体はいずれなくなって、電子書籍一本になると、言われていた時期もあったが、実際そうはなっていない。レコードのように見直されている分野もある。時代と逆行する流れかもしれないが、そういうものを好むというのも人間なのではないかという気がする。物体というか、感触というか、確かにここにあるという実感である。

「いろいろ工夫していくなかで、手作りで一品一品作るといったものも評価されるところがあると思います。私どもは道路の方も携わっていますが、道路標識も無くなるんじゃないかという話は昔からあるのです。でもやはり道路を通れば標識が無いと走れません。基本的なところは残り、その中でいろいろ進化していくのだと思います」

固定した標示は、変化せずチラつきが無い分、非常に目に留まりやすいというメリットはある。子どもや高齢の方はとくに助かるのではないか。どうしても今の時代に付いていかないといけないので、いろんな媒体を使って慣れていこうとするが、どちらか一方になるより、互いに補いあえる方がいい。選択肢は多い方が迷いを減らす縁《よすが》になる。それによって、移動が快適になっていくことだってあるだろう。

何よりこのイラストが他にはなく、細やかなものだが心地よい。楽しい気分にさせてくれる。乗車位置標は、なんとなく愛着の湧く現地を物語るアイテムのようだ。

待ち時間さえ楽しい

そう思って目の前の乗車位置標に立ち返った時、ビジネス移動で使う場面とは別に、どこか旅行にいこうかという人にとって、心を掴むものになりそうだ。

「イラスト入りのシートを見ると、『この電車に乗るんだな』というワクワクする感じがあるという意見を聞いたことがあります。その面でこういうのも積極的に取り入れていく発想はあると思います。ただし、実際に乗る場合には、まず床面サインより、上の電光掲示板を見ていますよね。シートだけだと先発や次発の区別はつかないですし、自由席か指定席かも載っていませんから」

頭上に発車表示の電光掲示板があって、床には乗車位置標もある。確かにここだなという確信へとだんだん近づいていける目印だ。列車に乗るときはどうしても待ち時間が生じる。そんな時、乗車位置標がちょっとした楽しみにもなってくれるだろう。

「大宮駅のように何枚も貼ってあるのも迫力はありますが、くりこま高原駅あたりののんびりした雰囲気のホームで、ポツン、ポツンと2種類くらいあるのも、逆にいいものですよ」

速達性を言われる新幹線の中にあって、旅情をかもすアイテムにもなりそうだ。コロナ後は、利用客に寄り添う標示がまた増えていくだろう。現場では、やり甲斐を感じる時期が到来している。

ホームドアの設置が進み、標示が簡素化していくところも当然あるだろう。しかし、運賃の料金改定後のバリアフリー実施が進めば、より分かりやすいサインが求められていくはずだ。

インタビュー協力：
株式会社保安サプライ
宮部金彦氏（代表取締役社長）
國雲康史氏（取締役営業統括部長）
岩船傑氏（デザイン部部長）
立澤剛氏（関東支社課長）
堤英男氏（関東支社次長）
關本隆氏（西日本支社課長代理）
佐藤由宗氏（佐沼工場工場長）

その5

道に迷いはつきもの

右か、左か

1 天井に表示したサインは珍しい。柱や階段には2方面を緑・青に色分けした案内が多く見られる。（東京駅）

ここだけのサイン

東京駅の新幹線のりかえ口手前に、8段の低い階段がある。北・中央・南と3か所にあるが、段数はいずれも同じだ。中央通路から向かうと、高低差を実感するエリアである。

中央のりかえ口から1段ずつ上がり、天井を仰ぐと、大きくY字状にカーブを描く矢印が目に留まった。右側の青い矢印は、東海道・山陽新幹線の京都・新大阪方面。左側の緑の矢印は、東北・山形・秋田・北海道・上越・北陸（長野経由）新幹線の仙台・新函館北斗・新潟・金沢方面をさす。

天井の一部に、直接表示するのは珍しい。広い東京駅の中でも、ここでしか見たことがない。周辺のサインは、柱巻き型や吊り下げ型、階段の蹴り込み板や、床面に表示したものである。その中で天井面に付けるタイプは、この場所に必要とあって付けた一点物だ。

2 ホームの階段下の矢印。乗り換えの先を急ぐ場面で助かる大きさと分かりやすさ。(新横浜駅)

ロケーションはまさに、どちらの方面へ向かうかを決める分岐点にある。

一度階段を上りきって見てみた。すると、頭から天井までの距離がぐっと縮まり、近くなるせいか読みづらい。もともと階下は在来線のエリアで、この方向からでは情報の意味をなさない。けれども、文字の天地はこちらの方が合っているような気がする。

そこで階段を下りて、もう一度矢印を仰いだ。やはりこちらのほうが読みやすい。なぜだろう。しばらく考えて合点がいった。文字の配置は、上階に足をむけて寝転がりながら仰向けになり、本を読んでいるときと同じ向きなのである。つまり、上りの動線で仰ぎ見る状態と重なる。その想定で文字の天を合わせれば、自然に目に入り読みやすい。そう思うと、矢印のかたちが本を開いたときの形に見えてきた。Y字の線が重なり合う場所に、ピンポイントで付けた誘導サインは、なかなか

3 まっすぐ上昇を促す矢印も、この先で二手に分かれることを階段の色とピクトグラムが伝えている。(東京駅)

に考え抜かれた設計だった。

粋な配慮

そこで、思いきって鉄道事業者に天井のサインのことを問い合わせた。すると、丁寧な回答を得ることができた。

これまで床面や階段への施工実績はあったが、新たな方法で案内サインを作成できないか模索していた。その中で限られたスペースを有効活用できる方法として天井への施工を行った。

元々、サインの設置が必要と考えられる場所だったが、改札口へのアプローチ上に複数本の柱が設置され、床面のスペースが限られていた。そのため、床面への設置が困難だった点を克服することができた。

その際、文字の大きさや配置、矢印の色や独特の形などデザインで工夫した点はあったかどうか。これは、JR東日本は緑、JR東海は青と、それぞれの改札付近で使用されている色で矢印を作成し、お客への案内に統一性があるようにしたこと。表記に主要な駅名を盛り込み、不慣れな利用者でも目的地に向かうことができる案内サインを目指したこと。さらに、矢印はなるべく立体的に見えるようなデザインを採用したことを挙げている。

サインの設置で、どちらの改札口へ進めばよいか明確になったが、一方で、天井の構造上手前に設置したため離れた場所から気づかれにくい点を今後の課題としている。

その他、東京駅の中でその場所ならではのサインを設置した実績を尋ねた。すると、地下1階のグランスタ南側の地下から地上に上がる階段にサインを設置した実績があるという。さっそく訪ねた。見通しの良い階段の構造を利用し、全面を使って新幹線の乗り場に導いている。

4 在来線の通路から出口に向かうか、乗り換えるのか。近くのデジタルサイネージも同様の案内を行う画面に切り替わった。(大宮駅)

Y字の矢印は他にも

分岐点には、他にも気遣いが生んだ両方向の矢印を見かけることがある。

上越新幹線の上毛高原駅では、右に新潟方面、左に東京方面をしめす矢印があった。表示してある場所は、意外にもホーム下の側壁だった。対向ホームから目視することを前提に書かれている。左右対称の造りをした簡素なホームは、一見すると方面が把握しづらい。それを表示によってさり気なく補う。「縁の下の力持ち」に助けられた人も、きっといるに違いない。

さらにユニークなのが、かつて東海

5 ホーム下を有効に活用した良いサンプル。（上毛高原駅）6 ライトとテールの色まで描き分けた力作。（熱海駅）

道新幹線熱海駅の階段にあった手製のボードである。16両編成の全長約400メートルをぎゅっと縮めて描き、右は新大阪方、左は東京方と矢印でしめす。現在地から最寄りの号車番号を案内し、途中で行って引きかえすロスタイムを減らすように工夫する。なるべく直観的に最短コースが取れるよう導く力作だった。

駅の構造と深くかかわる

東北新幹線と山形新幹線の分岐点にあたる福島駅では、一つの乗車口へ東京方面と山形・新庄方面の両方をしめす矢印があった。14番線ホームの山形新幹線「つばさ」が停車する、16・17号車の乗車口にのみ記されている。上下線併用のアプローチ線を運用する、福島駅らしい床面サインだ。

目の前で見ていると、下りは10両目と11両目の間で切り離し、先に「つばさ」が出発してから東北新幹線「やまびこ」が発車する。反対に、上りは「やまびこ」が先に入線し、後から来る「つばさ」を待って、10両目と11両目を連結して東京方面へと向かう。この光景が14番線上で繰り広げられる。そのたびに、乗客は左右どちらの方面へ向かうかを判断し、乗車位置で待っている。福島駅ならではの一幕だが、2027年春を予定に新たなアプローチ線が増設される。同線上の分割併合も案内表示とともにどう移り変わるか見守りたい。2つの方面をしめす矢印は、駅の構造と深い係わりのあることがわかった。

あらためて14番線ホームを見渡すと、駅名標にもY字の矢印があることに気づいた。二つに分かれた線は、一方が白石蔵王、もう一方は米沢に延びる。駅に固有の分岐サインがここにも見つかった。そこにしかない案内表示も、連続した一貫性のある標準のサインも、分岐点に立つ私たちをともに導いている。

7 先発と次発で向かう方面が違う福島駅の山形新幹線のりば。誤乗車防止が重要だ。
8 Y字に路線を案内する福島駅の駅名標。

コラム ようこその吸引力

熱烈歓迎を記号にして表すハートマーク。
もはや郷土色をも超えている。(新潟駅)

入口上部の駅名標より目立つ「ようこそ一関温泉郷」の文字。大型看板が誘う。(一ノ関駅)

蔵王と言えばスキーだが、特大のこけしを並べ、横断幕まで掲げるという熱烈歓迎ぶり。(白石蔵王駅)

手間のかかった三原だるまとタコの置き物。的を外さない観光資源をモチーフにPRするのはベタで好もしい。（三原駅）

駅前広場に置かれた特大の南部鉄器。持ち手に各施設の案内表示を付けて目を引く。（水沢江刺駅）

駅の所在地が大崎市内であることを、船の模型に掛けた帆で知った。（古川駅）

降りて早々にお酒を勧める歓迎ぶり。楽しみを携え街へ繰り出すきっかけになる。（東広島駅）

「ようこそ」には、はるばるお越しくださいましたというねぎらいの言葉が隠れている。来訪者を歓迎し、ほっと和ませてくれる。実用的ではないかもしれないが、大切なメッセージである。

数あるなかでも、その直球勝負にかける想いは並大抵ではない。「ようこそ新潟へ Niigata」と書いたハート型のボードはなかなかの熱烈歓迎ぶりである。一ノ関駅の駅舎に掲げた「ようこそ一関温泉郷」の看板も、駅名標と並

「おいでませ」と知られた方言を使う。ど真ん中をついてくるもてなしもかえって心地よい。（新山口駅）

「ようこそ」を「よくきてけっだじゅー」と地元の方言に変換している。言葉を携え実際に使われているのか耳を澄ますのも楽しい。（新庄駅）

んで存在感たっぷりだ。

他の新幹線駅にもあるかと探してまわると、意外にたくさん見つかるので驚いた。土地ごとにさまざまな工夫を凝らし、来訪者へ感謝の気持ちを込める。私たちを誘い、惜しみなく「ようこそ」と語りかけてくる。

造形のインパクトで心を掴んだのは、水沢江刺駅の南部鉄瓶と白石蔵王駅の弥治郎こけし、それに三原駅のタコと三原だるまだ。「ようこそ」の言葉にからめて、特産品や名産品に目が留まるように特大サイズで作る。なかでも、三原名物のタコは足が手招き（？）のポーズをとる。どれも的を射た定番の観光資源をモチーフにPRするあたりがベタで好もしい。

＊＊

じつはそのくらいの力の入れ具合を、こちらもどこかで期待している。それは、駅弁にも似て「一期一会」にしか

英語、中国語、タイ語、韓国語と、よく来訪する国の人々の言語が並ぶ。国際色豊かな「ようこそ」だ。（ガーラ湯沢駅）

ないものを味わえるからだろう。一方、熱烈歓待ぶりにやや気恥ずかしさがないわけでもない。けれども、観光地や温泉街の入口に建つアーチのように、多少大げさな仕掛けであっても、くぐり抜けてはじめて現地へ繰り出せるシンボルなのである。

それはまた、記録として残せる格好の媒体にも早変わりする。時に新幹線をかたどったボードが、改札口の前に置かれその役目を担うことがある。どこへ行ってきたのか一目で分かるものは重宝する。旬や定番の造形物が待ち受ける理由でもある。

その土地ならではといえば、御国言葉（おくにことば）もはずせない。新庄駅では「よくきてけっだじゅー」と歓迎し、新山口駅では「おいでませ！」と呼びかけ、ガーラ湯沢駅では日本語・英語・中国語・タイ語・韓国語と5か国語で迎える。みなそれぞれに故郷の「ようこそ」がある。方言に旅情を感じ、

もはや通勤圏と思いきや、観光客を誘致するアピールにも余念がない。（高崎駅）

記念撮影スポットに登場した「ようこそ」の文字。気球に見立てたかごに収まり観光地の気分を盛り上げる。（佐久平駅）

横断幕を広げ、新駅開業を祝う。新たな駅に下車する乗客たちを待って、自社のバスを使って観光してもらいたいと願う。（新青森駅）

母国語に安心感を抱く。心なしか初対面のハードルがさがり、打ち解けて話せるような言葉のもてなしだ。

＊＊

そして、忘れてはならないのが「ようこそ」を伝えるためのアイテムである。

横断幕は、横長の幅いっぱいにメッセージを書いて掲げた幕だ。これまで見てきた例にも多く使われている。最近では、高崎駅の改札口付近に掛けた大型観光キャンペーンのPRのように、文字やイラストをプリントする。が、ときどき佐久平駅のように風景を布地へ直接ペイントするなど、表現の手法は豊富にある。

この横断幕が、難局を乗りきるのに一役買うことがあった。それは、九州新幹線の鹿児島ルート全線開通に臨んで「ようこそ熊本へ」と横断幕を掲げた人たちが、出発に手を振り見送る場

改札口上に帯のように渡したパネルがあか抜けている。人気の観光地もきっちりと誘う。（新神戸駅）

「ようこそ」の切実さを噛みしめる一コマ。東日本大震災の翌日でセレモニーは控えるなか、横断幕を振る演出が心温まる。（熊本駅）

「小京都」の響きに風情ある旧い佇まいが残る街並みを期待する。（角館駅）

新神戸駅のパターン踏襲する「ようこそ」の設え。（姫路駅）

面である。

2011年3月11日に発生した東日本大震災は、翌日に博多～新八代の開業を控える九州新幹線にも影響を与えた。当初予定していた開業記念式典は被災に配慮して全て中止となった。12日に始発の到着を迎えた際、せめて横断幕を掲げてハレの日に花を添えたのである。多くの人たちが見送り、これから立ち上がろうとする人たちの背中を押した。心に灯りをともす出来事だった。

＊＊

その後も、地震や台風などの災害は年々各地で爪あとを残すが、ふたたび新幹線や在来線が走り出すとき、沿道には横断幕をもった地元の大人や子どもたち、それに鉄道ファンが再開の喜びを「ようこそ」に託しエールを送った。

その姿を見るたび、近年ではさまざ

どこか異国情緒漂う。折々のポスターを貼り生花で彩る。世話をする人も楽しみに整えているかもしれない。（新神戸駅）

まな意味を持つようになったと感じる。ふたたび賑わいを取り戻したい。災害の痛手を負ってしまった我が町に、それでも来てくれるならとの願いも込められている。できるならば、移動して少しでも何かの役に立ちたい。向かう側もそうした気持ちで現地へ出かけ、愛着を携え帰っていく。そうしたやり取りが交わされるようになった。

　青森から鹿児島まで、新幹線のレールが一つに繋がって10年を越えた。各駅が「ようこそ」と呼びかけ、これからも自由に行き来できることを心から願う。

その6

終わりと始まりのグラデーション

1

ホームのオアシス

1 コップのなかに描かれる2本線の小さな波が爽やかな印象を与える。（浦佐駅）2 艶やかな表面は駅で大事に使われている証拠だ。（長岡駅）3 水分補給の主役は自動販売機の時代。親切な看板は昔の名残かもしれない。（東京駅）

2

3

駅の水飲み場

いまでこそ、駅で蛇口から水を飲むというシチュエーションはあまりないが、それでもあれば便利な設えだ。もはや絶滅危惧種かもしれない。

長岡駅の新幹線ホームに降り、上に向いた蛇口から吹き上がる水でのどを潤した。飲み物の入ったビンや缶、ペットボトルなどが入手できる国内で、安全な水が蛇口から出る有難さを味わう。向かいのホームにも、同じ場所に水飲み場があった。ほどなくそこへカートを引いた女性が立ち寄り、台座の横にある蛇口で手を洗った。

頭上には小さな掲示板が下がっている。ここに水飲み場があると知らせる「飲料水」の文字とマークが付いていた。

マークは「単水栓」と呼ばれる蛇口を横から見た図だ。それを影絵のように切り取ったピクトグラムである。クルクルと左右に回し吐水と止水を操作するハンドル。その動作を受けて水の出口を開閉する引き締まったスピンドル。さらに水の通り道となる細いパイプをかたどる。コップは「飲める水」ということを表わす行き届いた道具立てだ。波打つ水面は注ぎたての鮮度の良さまで伝わってくる。

蛇口のシルエットに導かれ

この掲示板は、隣の浦佐駅にもあった。水飲み場はホームの壁ぎわに寄り、窓枠もかねた支柱のやや低い位置に取り付けてある。そのため歩行者の視野に入り気づきやすい。また、間近で見られるせいか、仰いで見ていた長岡駅とは違う印象をもった。ピクトグラムのシルエットに、銭湯で蛇口のことを「カラン」(kraan：オランダ語)と呼んでいたのを思い出したのである。

二駅の掲示板は、設置場所の違いはあるものの同じ表示を掲げている。このことから、他の駅にも同じ掲示板のあったことが考えられる。それは、物と記号とを結び付け、繰り返し出現することでパターンを認識し、同じ図像から同じ意味を、別の場所に行っても導き出せるサインの仕組みである。

「飲料水」の源流へ

しかし、どこか懐かしさの漂うこの掲示板を、他の駅でも探し出すのは難しい。

そこで資料に当たってみようと思う。さかのぼって、東北・上越新幹線が開業する１９８２年、国鉄が施設内に掲げる鉄道掲示の効果や質的向上を図るため、鉄道掲示基準規程を改定した。その中にサービス設備標という項目がある。「手洗所」「洗面所」につづいて「飲料水」とあり、これが駅で見た掲示板と同じ様式だった。

色彩には青色を指定する。これは「手洗所」の男性用ピクトグラムと共通していることも分かった。新幹線におけるピクトグラムの使用と言えば、開業当初のトイレの男女用マーク(便所男女区別標)から始まっている。それが、開業から18年後には、在来線と共通するものも含めて、20種類以上にものぼるピクトグラムが誕生している。

「飲料水」の掲示板は、１９７３年改定の鉄道掲示基準規程から盛り込まれた。当時は、白地に青文字の漢字を表記するのみだった。のちに東北・上越新幹線の開業を迎え、初めてピクトグラムを採用した。

サインの宿命

この時、文字書体も開業に向けて準備したサイン専用書体「JNR・L」に変更する。長岡駅と浦佐駅の掲示板も和文はこれに当たる。ただし、よく見ると「飲」の旁《つくり》の一画目や、「水」の収筆部のハネが、基本書体と異なり短いのが気になる。おそらく、掲示板を加工する段階で調整したとも考えられる。

制定書体の要素となる角ゴシック体の端部の隅《すみ》に丸みを付けることは継承しながら、見やすさを求めてリデザインした書体。二つの駅には、開業当初からの鉄道掲示が、現役で役目を果たしている。

いまや飲み物に限らず、お菓子やアイスなどの自動販売機がホームに佇む。置いてあるだけでそれと分かる目印のようだ。東京駅の東海道新幹線ホームに「自動販売機コーナー」と銘打つ一画があるのは珍しいが、同じホームで数えると、2020年には自動販売機が11台、Ｋｉｏｓｋや土産物・駅弁等を売る店は9店舗にものぼった。ここへ車内販売サービスを加えると、行く先々で水飲み場の影は薄くなるばかりだ。

水飲み場が減少すれば掲示板の数も減っていく。役目を終えれば設備と一緒に表示も消えゆく。それは物と結びついたサインの宿命である。とは言えホームのオアシスは、今日も乗客の喉をひっそりと潤している。

4

5

4 水飲み場はお客が時々立ち寄るホームのオアシスだ。（長岡駅）5 長岡市の市章「不死鳥」に単水栓を組み合わせる凝ったデザイン。（長岡駅）

さようなら、列車公衆電話

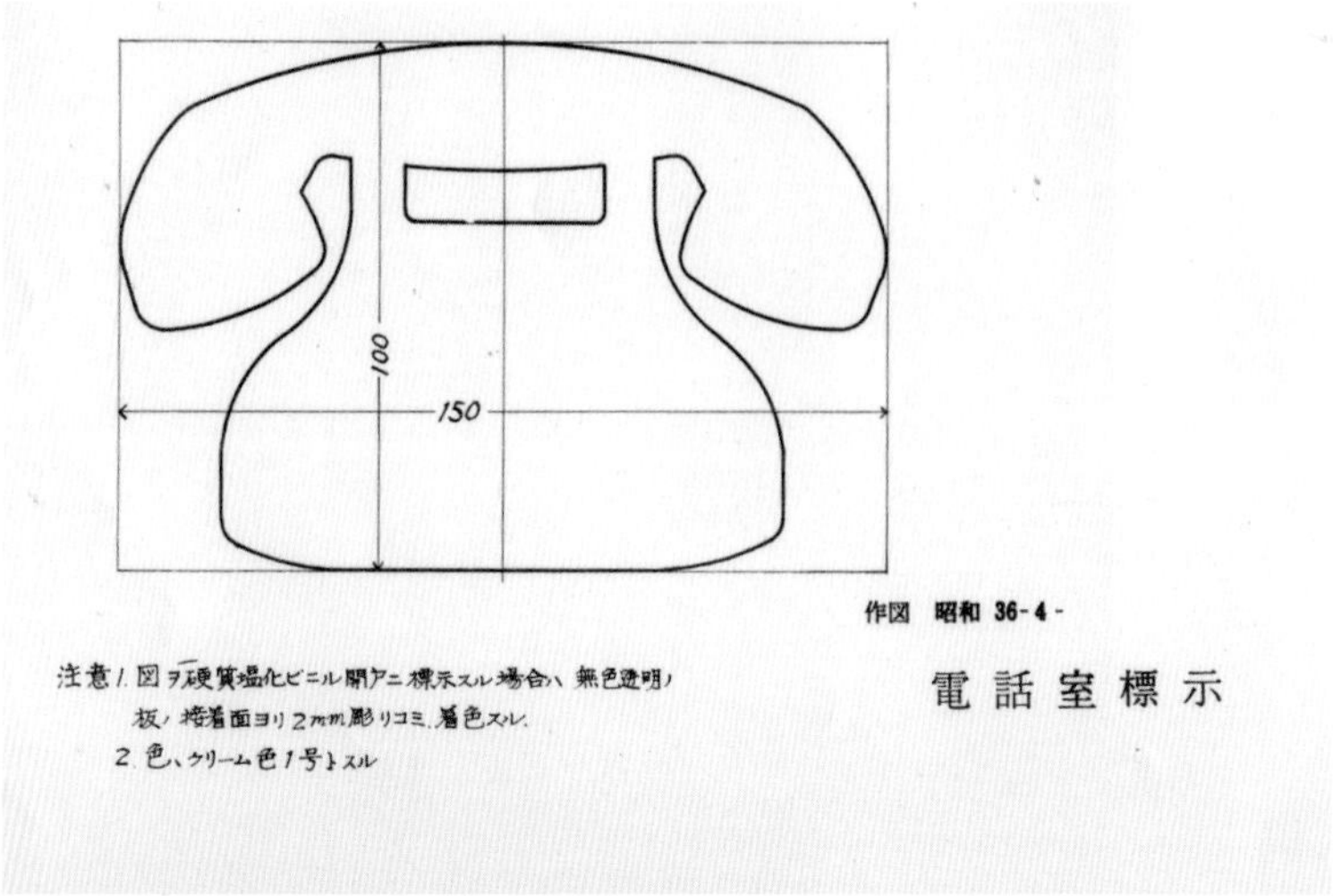

100
150
作図　昭和 36-4-
注意 1. 図ヲ硬質塩化ビニル開戸ニ標示スル場合ハ無色透明ノ
板ノ接着面ヨリ2mm彫リコミ、着色スル。
2. 色ハクリーム色1号トスル
電話室標示

1

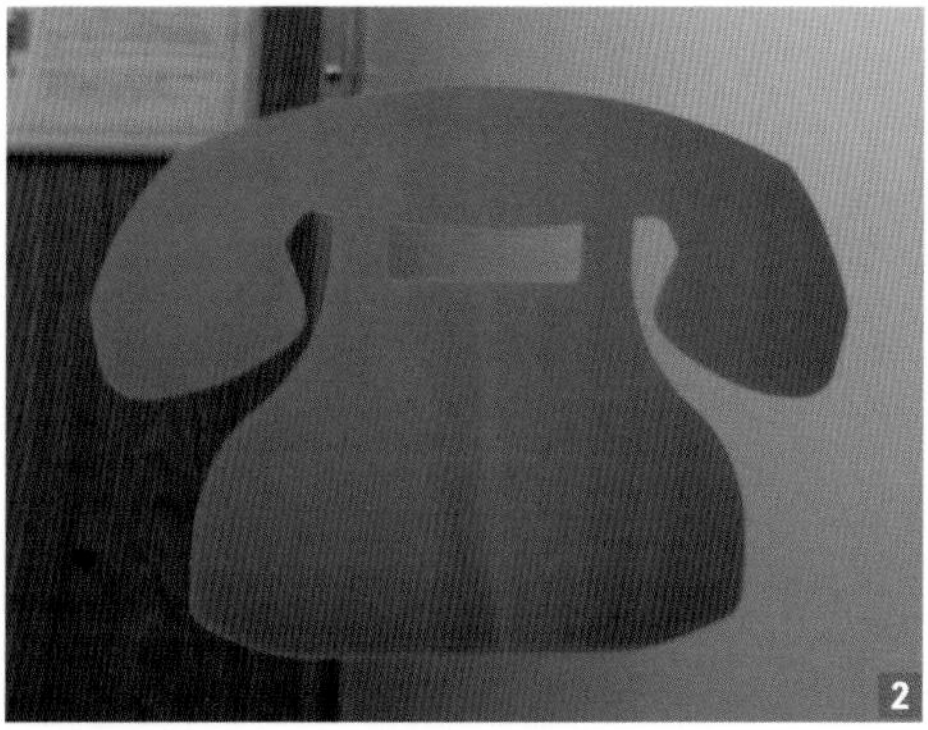

2

1 昭和36年4月作図の電話室標示。特急「つばめ」でビュフェ内の電話室扉に目印としてつけた。縦100㎜×横150㎜と横長だった。(鉄道博物館所蔵) 2 プッシュフォン式の電話機が登場していた時代にも新幹線で使われた。(0系車内)

みんなの電話

「みなさまに新幹線公衆電話サービスの終了のお知らせをいたします」

東海道新幹線の車内にアナウンスが流れた。２０２１年６月30日をもって終了するという。さっそく公衆電話はどこにあるのか、座席テーブル裏の施設案内で探した。受話器をかたどるマークが見つかった。となりの車両のドア付近にあるらしい。

その場所には、緑色のテレホンカード販売機とカード式の公衆電話が置かれていた。販売機の細い投入口に１０００円札を入れると、５、６秒して下の方からすっと薄い磁気カードが出てきた。利用可能度数は１０５度。受話器をとってカードを挿入した。

ここで、うっかりしていたことに気づく。相手の電話番号を覚えていない。数十年前ならば、クラスの友人の電話番号を何も見ずに言えたのに。スマー

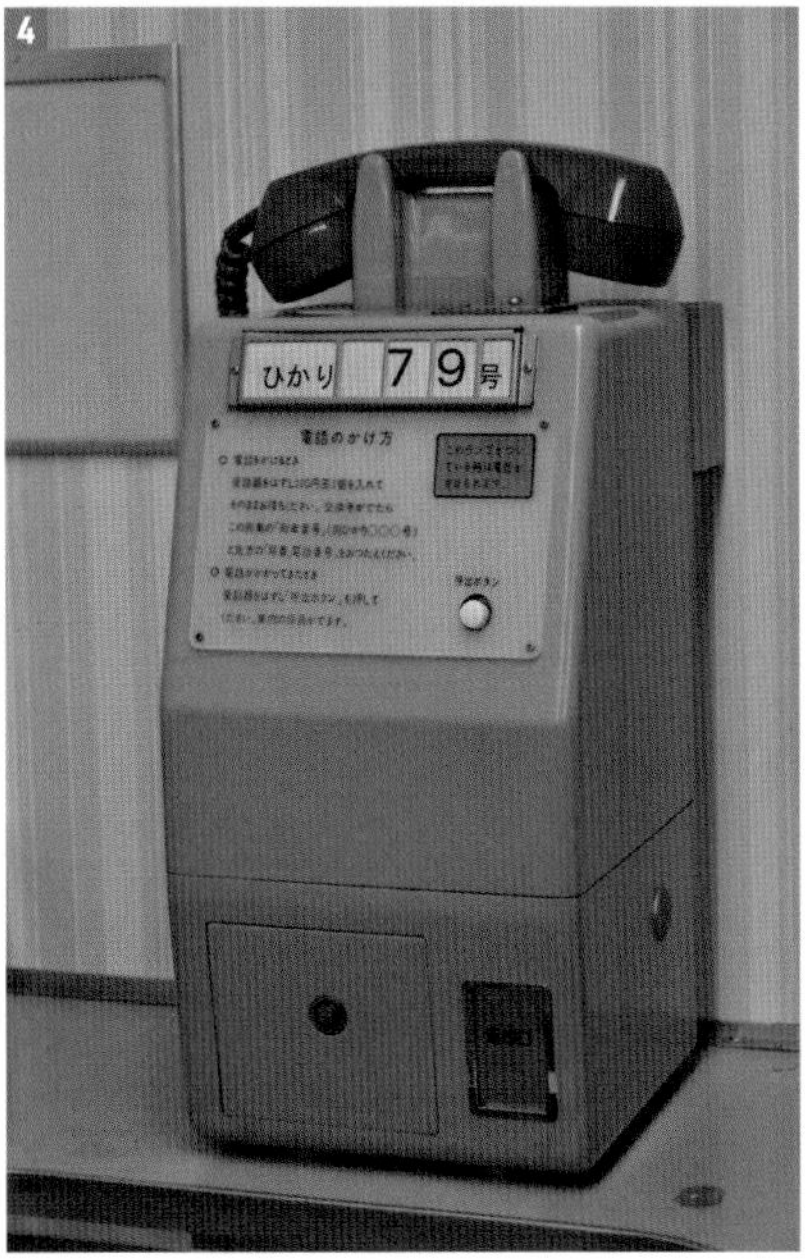

3 左から、ビュフェ・車内売店・食堂車・車内電話のピクトグラム。電話といえばこの形とひと目で分かるところは0系と共通する普遍的なデザイン。（0系37形）
4 ビュフェ内の電話機に「電話のかけ方」が載ってる。100円玉を入れ、交換手に列車番号と相手の局番・電話番号を伝え、繋いでもらい会話できた。

※3～5は撮影地：リニア・鉄道館

トフォンを取り出し、画面を呼び出して相手の番号を確認する。なんともあべこべの動きになってしまった――。

受話器の文化

列車公衆電話のサービスは、1960年8月20日に特急「つばめ」と「こだま」で始まった。立食形式の軽食堂「ビュフェ（buffet：フランス語）」に電話室を設置し、ハイクラスのパーラーカーにはポータブル電話器を列車ボ

5

5 公衆電話があまり必要とされない時代になっても、電話の表示は残っていた。（700系723形）**6** 受話器をかたどったサインは、0系時代からあり、受話器のキャップに縦のラインを入れるなど、シンプルなフォルムながら変遷を重ねている。（N700A）

6

ーイが各席へ持参して、ジャックにつないで通話した。

１９６３年の映画『天国と地獄』には、特急「こだま」の車内で、身代金を要求する犯人とやり取りする場面がある。主人公が車内放送の呼び出しに応じて向かったのも、ビュフェの電話室だった。電話受付に自分の名前を伝え、接続してもらい、電話室の受話器をとって犯人の要求を聞いた。

このとき、透明のドアに付いた大きな電話のマークが映り込む。回転ダイヤル式のいわゆる「黒電話」をかたどった電話室標示だ。受話器を筐体の上に載せた曲線で構成されるシルエットは、モノクロの映画だが、塗色はクリーム１号色を使う。これが車内で電話を標示した元祖である。

ここから筐体が消え、やがて受話器のみが残り、現在にいたる。普及とともに技術革新が進み、形状が変わる対象をどのように写し取るのか。この辺りは、駅設備サインに用いる新幹線のピクトグラムにも通じるものがある。

博物館で「車内電話」を探す

変遷を確かめるため、リニア・鉄道館で案内いただきながら、歴代の展示車両のうち4点を見ていった。

東海道新幹線の列車に公衆電話を開設するのは、１９６５年６月１日からである。列車公衆電話の場所を知らせる標示が大きく変わったのは、０系から１００系にかけてだ。

１階収蔵車両エリアに置かれた０系

7 N700Aに設置されていた電話機。受話器の形は回転ダイヤル式の時代から変わらない。

37形は、1両にビュフェ・客室・多目的室を併設する。このうち、客室と区切るビュフェ側の壁左手に電話機を置いた。これを示す標示は多目的室側の壁左上に見つかった。青地に白抜きの正方形のピクトグラムだ。まだ特急「こだま」時代の面影を残している。

それが、車両展示エリアの100系123形では、すでに受話器側面を垂直にみた図案に替わっていた。標示は客室内の後方ドア側、壁の右上にあった。黒いアクリル板の内側に青地に白抜きで、枠に白い縁取りを施していた。

次の時代の陰で

これまで、電話機は交換手を介して相手と会話するコイン式のタイプが導入されたが、通信方式が更新され、チャンネル容量が増えると、さらなる設置が可能となった。プッシュフォンや、カード式の新機種が登場し、受話器は横置きからフックに引っ掛ける縦置きに変わった。

以降、300系322形と700系723形の車両では、100系と同じ掲出場所へグレー地に白抜きの受話器が、取っ手の内側についたアールを抑え、微調整した形を受け継いでいた。

こうなると、もう一度最新のものが見たくなる。帰りのN700Aで客室内のドア側を見ると、標示はなされていなかった。座席テーブルの裏面には、行きと同じく「電話」のピクトグラムが見つかった。取っ手の中ほどはシャープになり、耳と口を寄せる端部の中央は少し山型を描く。JIS（日本産業規格）の案内用図記号「電話」と共通の図案である。

設置場所には「新幹線　列車公衆電話サービス終了について」のポスターがあった。本体には、早くも使用停止の黄色いテープを貼る。往路で見たのが約60年の歴史に幕を下ろす、現役最後の姿になった。

おわりに

「こういうことが書けるのは、日本が平和だからですね」

東京メトロで「危険横断禁止」の看板を探して歩いた記事を書いたとき、職場で交流があった中国人留学生に読んでもらった感想である。

面白いですね、こんな看板があるんですね、ニッチですね等々、そんな返事を期待していた私は、予想もしない答えに目から鱗が落ちた。

それ以来、大げさでなく世の中の情勢の安定を心ひそかに願うようになった。

けれどもそんな願いも空しく2020年から新型コロナウイルスが各国で猛威をふるった。日本もその渦中にのみこまれる。「不要不急」という言葉が飛び交い、鉄道に乗って移動することもままならなくなる。あちこち訪ね歩いて、意中のサインを集め、記事にすることも難しくなってしまった。

ちょうどそのころ、季刊誌『新幹線エクスプローラ』で「サイン、小サイン、探訪記」という小さな連載を書いていた。なんとか成立させるために四苦八苦しあがいていた。とりわけ「緊急事態宣言」の発出、解除の寄せては返す波に翻弄された。その波をかいくぐり、すこし落ち着いたころを見計らって出かけた。この時、冒頭の言葉がくり返し脳裏をよぎった。言われたことの意味が身に染みて、目から涙の鱗が落ちた。

しかし、そうした事態にもめげず、なんとかやってこられたのも、渦中で出会った掲示類やピクトグラムなどのサインのお陰である。

宣言が明けて、久しぶりに電車に乗って大宮駅を降りた。新幹線南のりかえ口の近くにある「みどりの窓口」前を通ると、「新型コロナウイルス感染予防対策」と大きく書いたポスターが貼ってあった。

窓口に並ぶ際は、前後の間隔を1メートル程度あけるように協力を呼びかける。ポスターには、大宮駅のイメージキャラクター「まめお」のイラストが、東京五輪の開催に向け、リニューアルしたJR東日本の接客制服「駅長用」を着て、「身体的距離の確保」の例をしめす。文字情報を絵に置き換え、キャラクターの特長であるエンドウ豆のような体形と、丸い黒目に口角の上がった表情が、取り巻く状況の深刻さを和らげる効果をあげていた。

大宮駅からニューシャトルに乗り一駅先の鉄道博物館に向かえば、1階のミュージアムショップ入口で興味深い工夫を目にする。新型コロナウイルス対策のため設置した手指消毒用のスプレー式容器を「消毒駅（液）」ともじり、隣接駅名標に模した掲示で利用をうながす。気軽にスプレーを使い安心して入店することができる。鉄道ならではのアイデアが、重苦しい空気を晴らしていた。

東京駅へ向かうと、新幹線車内の換気を十分に行う機能を解説した模式図や、車内の拭き取り消毒（肘掛け・テーブル・窓枠・ドア付近）を徹底していると伝える写真付きの掲示物。また、ピクトグラムにマスクを描き加え「ホームでも、マスクの着用にご協力ください。」と喚起するポスターがあった。すでにホームではマスクやフェイスシールドを身に着け、駅係員が乗客を案内し、車内で清掃スタッフが機敏に掃除をする。私たちもピクトグラムと同じようにマスクを着ける。公告したことが目の前で行なわれ、呼びかけに応じて行動する。ここまで掲示物やサインと「今」が一致するのを見たことがない。しばらく驚きながら様子を見ていた。

福島駅で下車し、ホームの待合室に立ち寄ると、ベンチには「間隔をあけてお座りください」と印刷した紙が貼ってある。よく見ると、にわかに知られるようになった半人半魚の妖怪「アマビエ」のイラストが描かれていた。矢印を間に据え、離れて座るイメージを伝える。江戸時代の疫病退散にまつわる言い伝えが現代に蘇り、瞬く間に流布して公共交通機関が使うようになるまで浸透したことを物語る。同時に、境界線をやんわりと引き、ルールを知らせる新しい試みを目の当たりにした。

これら掲示物やサインも、「新しい生活様式」の日常に溶け込んで、現在では取り去られてしまったものも多い。経験した未曾有の危機を乗り越えようとする底力を映し、ほのかに明るくユーモアを含んだ掲示物やサインは、文字や色の内側に温かい気遣いがにじんでいた。そうした取り組みの土台には、命に寄り添う多様な伝える形があった。ここには私たちの生きる知恵が詰まっている。

少したってから、このとき書いていた連載をまとめる機会がめぐった。最初に思ったのは、「人と会いたい」ということだった。素直に湧き上がった言葉は、振り返るとコロナ禍のなかで切実に願ったことでもあった。

今回、直接会ってお話を聞かせていただいたことは、「現場の声」や、本文中、写真やキャプションに収めた。旅行需要がもどり、日常を取り戻しつつある多忙のなか、ご協力いただいた各鉄道事業者、協力会社、博物館の皆さんに心からお礼を申し上げたい。そして、季刊誌『鉄道デザインエクスプローラ』のころから、記事を面白がりたびたび勇気づけてくれた、イカロス出版の佐藤信博さんに心から感謝している。

著者紹介

1975年神奈川県生まれ。二松学舎大学大学院修了。大学時代より書道を学ぶ。2008年、月刊『旅と鉄道』で地下鉄路線を地上でめぐる「二駅歩き」の連載をきっかけに地下鉄に残る旧い文字に興味を持つようになる。2013年、『鉄道デザインEX』(イカロス出版)の小特集「鉄道文字のおはなし」の取材で、国鉄時代に制定された統一書体すみ丸ゴシックと出会う。以来、時代感覚あふれる看板や書体・フォントをたずね取材を続けている。著書に『鉄道文字の世界　旅して見つけたレトロな書体』(天夢人、2022)、『駅の文字、電車の文字 鉄道文字の源流をたずねる』(鉄道ジャーナル社、2018)『されど鉄道文字 駅名標から広がる世界』(同社、2016)などがある。

サイン、小サイン、探訪記

2023年9月30日　初版第1刷発行

著者——————中西あきこ

発行人——————山手章弘

発行所——————イカロス出版株式会社
〒101-0051 東京都千代田区神田神保町1-105
Tel.03-6837-4661(出版営業部)

装丁・本文デザイン——村上千津子(イカロス出版)

イラスト——————吉田たつちか

印刷所——————日経印刷株式会社

Printed in Japan
定価はカバーに表示してあります。